生物多様性と生態学

遺伝子・種・生態系

宮下　直
井鷺裕司　……［著］
千葉　聡

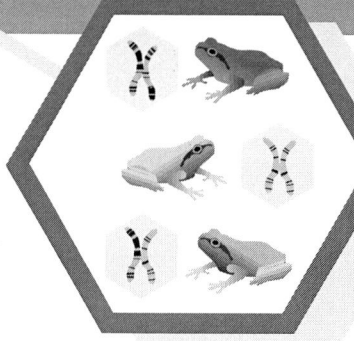

朝倉書店

執 筆 者

宮下 直（みやした ただし）	東京大学大学院農学生命科学研究科・教授	（第0章，第5章，第6章，第7章）
井鷺 裕司（いさぎ ゆうじ）	京都大学大学院農学研究科・教授	（第1章，第2章）
千葉 聡（ちば さとし）	東北大学大学院生命科学研究科・准教授	（第3章，第4章）

（ ）内は執筆章

まえがき

　現代は第6の大量絶滅の時代といわれている．この絶滅は過去に起きた絶滅とは異なり，ヒトというただ一種の生物のさまざまな活動が直接的，間接的に影響している．もちろん，それは「他人ごと」ではない．地球環境という巨大なシステムのなかに我々も組み込まれている以上，我々のみが無傷で済むと考えるのは無理があるからである．こうした背景を受け，1992年に「生物多様性条約」が採択された．この条約は生物多様性の保全と人間社会の持続的発展という一見相反する目的の両立を目指すものである．わが国でも生物多様性国家戦略など，各種の政策が策定されるとともに，保全生態学や保全生物学という新たな学問領域が一大展開をみせている．さらに，2010年に日本で開催された生物多様性条約第10回締約国会議（COP10）は，一般人に広く生物多様性というキーワードを知らしめる機会となった．現在では数々の一般向けの解説書や啓蒙書も出版されている．これらの書籍では，生物多様性には遺伝子，種，生態系という3つの階層があり，それらを包括的に保全し，賢い利用をすることの重要性が述べられている．しかし，意外にも3つの階層の実態や生態学的意義について体系的に解説された専門書は非常に少ない．本書の執筆の動機はこの点にある．生態学は，さまざまな階層や空間スケールにおける多様性の成立機構や機能的役割を探る学問分野である．生物多様性の3つの階層は，もともと政策的あるいは啓蒙的意図からつくられたものではあるが，学術的にも一定の根拠や意味がある．生態学は，生物多様性に理論的ないしは実証的な意義づけを与えるうえで中心的な役割を担っていると同時に，そうした行為そのものが生態学のさらなる発展を促している．

　本書は，まず序論である第0章で生物多様性についての基本理念を説明した後，3つの部でそれぞれの階層を順次紹介する．

　第Ⅰ部の「遺伝子の多様性」では，まず遺伝的多様性がいかに生じ，どのように維持されているかについて，集団遺伝学的な観点から説明する（第1章）．つぎに，遺伝的多様性をもとにした保全・管理ユニットの設定方法や，遺伝的多様性が生態学的にどのような意義をもっているかについて論じる（第2章）．

第 II 部の「種の多様性」は 3 つの章からなっている．まず，種とは何か，種はどのように形成されるかという古くて新しい問題を紹介する（第 3 章）．つぎに，種の多様性のさまざまなパターンを生み出す仕組みについて，多様性の中立理論やニッチ理論などにより説明する（第 4 章）．さらに，種の多様性が生態系機能にどのような影響をもたらすかという生態学のホットトピックを紹介する（第 5 章）．

　第 III 部の「生態系の多様性」では，まず生態系の構造や多様性の尺度を概説（第 6 章）した後に，これまで体系的に論じられてこなかった生態系多様性の意味について詳説する（第 7 章）．ここでは，生態系の多様性や異質性が生みだす種の多様性や生態系の持続性・安定性について，新たな視点を交えながら紹介する．

　執筆は，序論（第 0 章）と第 5，6，7 章を宮下が，第 1 章と第 2 章を井鷺が，第 3 章と第 4 章を千葉が担当した．各部では，多様性の測定法，成因，維持機構，機能的な意義などが紹介されているが，これらの項目に割かれている紙面の量は，部ごとに大きく異なる．これは，階層によって強調すべき点が異なるからである．

　本書では，最先端の内容も数多く盛り込まれており，やや難解な部分もあるかもしれないが，基本的に高校の生物で履修する生態学や進化学の知識があれば理解できる内容に仕上げたつもりである．大学の教養課程以上の学生，大学院生の教科書として使用できるほか，専門の研究者にとっても有益な情報が少なくないに違いない．さらに，生物多様性をしっかり勉強したいという一般の方，たとえば行政，NGO，高校教員，自然愛好家の方々にとっても決して高すぎるハードルではないと思われる．既刊の一般書と併せて読んでいただければ，理解も深まるに違いない．本書が，生物多様性に関心のある方々の理解の助けになり，その価値や保全の意義の普及に一役買うことを願う次第である．

　本書を完成させるにあたり，以下の方々にご協力をいただいた．長田 穣，角谷 拓，兼子伸吾，後藤 晋，鈴木崇規，曽田貞滋，仲岡雅裕，西嶋翔太，西廣 淳の各氏には，原稿の一部に対してコメントをいただいた．仲岡雅裕氏，平松和也氏は写真を提供していただいた．高木 俊氏は表紙のイラストを，渡邊彰子さんには図の一部を描いていただいた．ここに厚く御礼を申し上げる．なお，本書の内容の一部は環境省地球環境総合推進費（S-9-1）の支援を受けた．

2012 年 1 月

著者を代表して　宮下　直

目　　次

- 第 0 章　序　　論　　1
  - 0.1　生物多様性をめぐる定義　2
  - 0.2　生物多様性の階層間の関係　4
  - 0.3　生物多様性と生態系サービス　5

第 I 部　遺伝子の多様性　　7

- 第 1 章　遺伝的多様性の成因と測り方　　8
  - 1.1　遺伝的多様性の多寡はどのように決まるか　10
  - 1.2　集団の遺伝的分化　24

- 第 2 章　遺伝的多様性の保全と機能　　31
  - 2.1　保全ユニット　31
  - 2.2　遺伝的多様性と集団の存続性　37
  - 2.3　種内の遺伝的多様性と生態的プロセス　40
  - 2.4　遺伝的多様性解析の新たなアプローチ　42

第 II 部　種の多様性　　47

- 第 3 章　種の創出機構　　48
  - 3.1　種とは何か　48
  - 3.2　生殖的隔離の機構　51
  - 3.3　種分化のプロセス　55
  - 3.4　適応放散　67

- 第 4 章　種多様性の維持機構とパターン　　73
  - 4.1　種多様性の概念　74
  - 4.2　種多様性の中立モデル　75
  - 4.3　種間相互作用と多種共存　83
  - 4.4　種多様性のパターン　91
  - 4.5　種多様性の理解に向けて　98

第 5 章　種の多様性と生態系の機能　　　100
　5.1　多様性と機能のレベル　102
　5.2　多様性と機能の安定性　108
　5.3　複数の栄養段階を含んだ多様性の効果　113
　5.4　その他の話題　119
　5.5　おわりに　123

第 III 部　生態系の多様性　　　125

第 6 章　生態系の構造　　　126
　6.1　生態系の階層性　127
　6.2　生態系プロセスの変異　128
　6.3　生態系の異質性とその成因　129
　6.4　景観と生態系　130
　6.5　生態系の多様性（景観異質性）の測り方　131

第 7 章　生態系多様性の意味　　　135
　7.1　生態系多様性が創り出す種の多様性　135
　7.2　生態系多様性が支える生態系の機能　143
　7.3　生態系多様性と生態系サービス　157
　7.4　おわりに

引用文献　161
用語索引　173
生物名索引　175

コラム 1	遺伝的変異はどのように調べられてきたのか		9
コラム 2	さまざまなレベルで存在する遺伝的変異		11
コラム 3	遺伝的変異量の評価方法		12
コラム 4	有効集団サイズに影響を与える要因		20
コラム 5	遺伝的分化の評価方法		27
コラム 6	生態系の安定性とは？		101
コラム 7	ポートフォリオ効果の統計説明		109
コラム 8	「形状の異質性」が広げる「組成の異質性」		141
コラム 9	空間レジリエンスとその仕組み		153

第0章　序論

　生命の起源は，地球の誕生から約8億年後，今からおよそ38億年前という途方もなく遠い昔にさかのぼる．当時の地球は今とは違って酸素がほとんどない環境であり，そこに棲む生命体は化学合成をする細菌だったと考えられる．その後，10～20億年かけて光合成をするシアノバクテリアが海中で増加し，地球環境を徐々に変化させた．酸素濃度の増加とそれによる大気中のオゾン層の形成により，地球は無数の生命があふれる惑星となったのである．

　一方，生命の進化史を通してみると，生物は何度か大量絶滅に出会ってきた．もっとも大規模な絶滅は，古生代末に起こったもので，全生物の90％以上が絶滅したと推定されている．しかし，その度に生物は適応放散を繰り返し，現在では記載されているだけでおよそ200万種，実際はおそらくその10倍以上の種が存在すると推測されている．偶然による絶滅と適応進化が，今日みられる多様な生き物を創り出してきたのである．

　こうした**生命の多様さ**（variety of life）は，もちろん種の数だけで表されるわけではない．形態的あるいは生態的特徴のさまざまな違いも，我々に生き物が「多様である」と認識させる要因である．そうした多様さを支える基盤に遺伝子があるのは言うまでもない．遺伝的変異は生命の進化や多様化の根源になっているからである．さらに，生物と環境は常に相互作用している．多様な生命を支え，生命活動によって創られる生態系というシステムも生命の多様さと密接不可分な実体といえる．

　序論では3つの問題を扱う．生物多様性の定義，生物多様性の実体（遺伝子，種，生態系）間の関係性，そして生態系サービスについてである．ここでは，種，遺伝子，生態系の各論の前提となる基礎知識を提供するとともに，本書における生物多様性の概念的な枠組みを紹介する．

0.1　生物多様性をめぐる定義

生物多様性（biodiversity）は，**生物学的多様性**（biological diversity）を短縮した用語として誕生した．その意味するところは多少の変遷はあったものの，今では3つのレベル，すなわち遺伝子，種，生態系の多様性，が定着している．種の多様性はもっとも馴染み深く，多くの人が真っ先に思い浮かべる実体であるに違いない．遺伝子の多様性は，集団内や集団間にみられる遺伝的違いである．もちろん種の違いも遺伝子の違いに帰すことができるが，理解のしやすさから，生物多様性の文脈で遺伝子の多様性といえば，種内の変異に限った意味で使われている．生態系の多様性は，森林や草原などの「場」の多様性をいう．生態系を構成する生物群集を一つの単位とし，群集レベルでの多様性をさすこともあるが，この場合も場がベースとなっている．生態系は遺伝子や種に比べて実体があいまいであり，目的に応じてさまざま空間スケールをとりうるため，その多様性についての研究や議論はもっとも遅れている．

生物多様性という用語を最初に造ったのは Walter Rosen である．1986年9月にワシントンで開かれた生物多様性フォーラム（National Forum on Biodiversity）の企画にあたり，その前年（1985年）に行われた計画委員会で名付けたようである（Harper & Hawksworth 1994）．フォーラムの報告書（プロシーディングス）は1988年に出版され（Wilson & Peter 1988），それが用語として一般に定着する契機となった．日本では，よく1992年の地球サミットが金字塔としてクローズアップされているが，欧米の学術誌ではそれより少し前からこの用語の使用が爆発的に増えている（Harper & Hawksworth 1994）．

生物多様性が，種や分類群の多様性だけでなく，遺伝的な要素や生態的な複合体（群集や生態系）に至るさまざまな階層を含んでいることは，当初からほぼコンセンサスがあった．一部には，物理環境を含む生態系を生物多様性の実体として含めるのは適当ではなく，高次の階層としては群集多様性あるいは生態的多様性を用いるべきという意見もあったが（Harper & Hawksworth 1994），いまでは生態系の多様性はそれらを含んだ包括的な概念として確固たる地位を得ている．

しかし，生物多様性を階層により区分した単なる実体として片づけるのは，その価値を大きく減じるものである．その存在になんらかの意味を与えない限り，

科学的にも社会的にも有用性を訴えることは難しいからである．そこで重要となるのが，生態学的な「プロセス」や「機能」である．たとえば，捕食・被食関係や送粉などの種間関係は，生物群集の動態（これは機能に当たる）を決める重要なプロセスであるが，一方で物質生産や物質循環の速さなどの生態系レベルでの機能，すなわち**生態系機能**（ecosystem function）に関与する重要なプロセスでもある．生物多様性に，こうしたプロセスや機能の視点を取り入れることは，単なるネーミングや数の大小を超えた，生物多様性の本質的な意義を考えることに直結する．

ただ，プロセスや機能を含んだ生物多様性の概念と，種や生態系レベルでの実体としての多様性の概念の関係性をきちんと整理しないと，議論に混乱が生じることがある．

図0.1は，種の多様性や生態系の多様性を，プロセスや機能を組み込んで表現したものである．まず通常の種多様性は，Aで表されるように，単なる種数の多寡を問題にする．食物網などの種間関係（プロセス）を組み込んだものはBのようになる．種の多様性は左右で同じであるが，種のつながり（相互作用）の数は右の方が多い．つまり，関係性がより多様ないしは複雑であるといえる．こうした関係性（プロセス）の多様性を「生物多様性」に含める考えは必ずしも目新しいわけではないが（Gaston 1996, 鷲谷・矢原 1997），これまで実体の多様性に隠

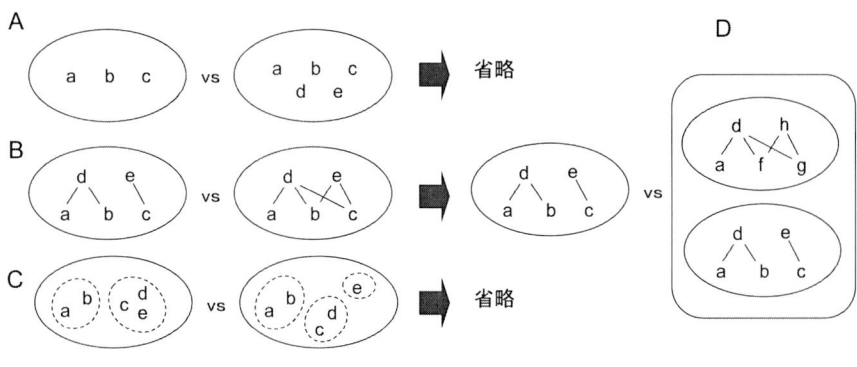

図 0.1 3種類の種レベルでの多様性および生態系レベルでの多様性．生態系レベルでの多様性は，一部のみを示している．アルファベットは種，種を結ぶ線は捕食被食関係，点線で囲まれたグループは機能群を表す．

れ，あまり強調されてこなかった．

　つぎに機能の違いを明示したものが図 0.1 の C である．C3 植物，C4 植物，マメ科植物などの機能群の区分けでもよいし，消費者の食性の違いでもよい．ここでは，右の方が機能群の多様性が高いことは明らかである．種の多様性と生態系機能の関係を考えるうえで，種数そのものが重要か，機能群の数が重要かという議論は一つの重要なトピックである．

　B と C の例は，分類群で定義される種の多様性とは異なるため，生態系の多様性の例として紹介されることもあるが，それは適当ではない．プロセスや機能の多様性は個々の種の形質に由来するものであり，種の多様性と同レベルの階層と考えるべきである．それに対し，生態系の多様性は場の多様性なので，より高次の階層での多様性を意味している．これは図 0.1 の D の例を見れば明らかである．この場合の生態系の多様性は，食物網内のつながりの多様性ではなく，食物網そのものの多様性を問題にする．生態系の多様性の意義について，これまで生物多様性の文脈から十分に議論が行われることはなかったが，本書では後に重点的にページを割いている（第 7 章参照）．

0.2　生物多様性の階層間の関係

　遺伝子，種，生態系の 3 つのレベルの多様性は，それぞれ相互に関連しあっている．詳しい仕組みについては後の章で述べるが，ここでは簡単に概要について触れておく．

　遺伝子の多様性は，生物進化の原動力であることはすでに述べた通りである．自然選択か遺伝的浮動かに関わらず，もともと集団に遺伝的変異が存在しなければ進化や種分化は起こらない．遺伝子多様性は種の多様性の源泉であることは疑いない．もう一つ重要なのは，個体群や種の存続に遺伝的多様性が重要である点である．近親交配が引き起こす近交弱勢は，個体群を絶滅の危機に導く要因となる．種の多様性の創出，維持の双方にとって遺伝的多様性は重要といえる．

　一方，生態系の多様性は，種の多様性を支える場の多様性と言い換えることができる．生態系そのものが生物と環境との相互作用で形成された実体であることも，生態系を生物多様性の一階層として挙げることの正当な理由の一つであろう．

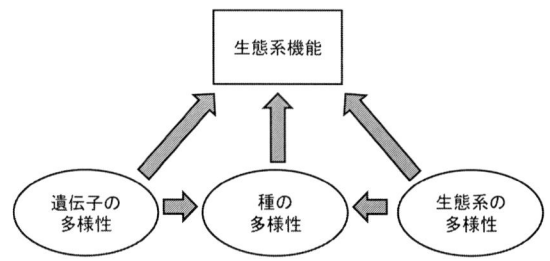

図 0.2 生物多様性の階層間の関係と生態系機能との関係.

　さて,これまでは遺伝子ないしは生態系から種の多様性につながる経路を述べてきた.しかし,各レベルの多様性は,生態系機能と密接に関係している(図0.2).生態系機能は,物質生産や物質循環の速度などで代表されるもので,生態系を人体に例えるならば,生存に必要な代謝や同化などの働きといえる.最近の研究により,遺伝子や種の多様性は,こうした生態系機能の向上や安定性に少なからず貢献していること,また生態系の多様性は,個々の生態系や複合生態系の安定性や持続性に大きな役割を果たしていることが明らかになっている.詳しくは各部で紹介することになるが,これらの関係性は生物多様性がなぜ重要か,という本質的な問題に迫るものである.

　遺伝子,種,生態系の多様性が生態系機能の向上に役立っているとすれば,それは生物進化などを通して生物多様性にフィードバックされると考えてよいだろう.このフィードバックについてはまだほとんど未解明ではあるが,その存在は各レベルの多様性が生態系機能にどのように影響するかを明らかにすることの意義をさらに高めるものである.

0.3　生物多様性と生態系サービス

　地球上の生物多様性の保全を考える際,人類の持続的な発展との両立を模索することは大変重要な課題である.保全の場と利用の場を分けるというゾーニングの発想に限界があることを考えると,生物多様性に由来する「自然の恵み」をいかに有効に活用するかが両立の鍵となる.

　生態系機能のうちで人類の役に立つものを**生態系サービス**(ecosystem service)

とよんでいる．これは自然の恵みそのものである．生態系サービスには，Millennium Ecosystem Assessment（2005）によって提示されている4つのサービスがある．①基盤サービス（栄養塩循環，第一次生産など），②供給サービス（食糧資源，木材資源など），③調整サービス（気候調整，害虫制御など），④文化的サービス（教育的，審美的価値など）である．生態系サービスは，生態学が扱う範疇ではないと考える人もいるかもしれないが，それは正しくない．生態系サービスが生態系機能と密接にリンクしている以上，その変動性や安定性を科学的に評価・予測することができるのは，生態学をおいて他にないからである．個体群生態学，群集生態学，生態系生態学などの分野を統合したアプローチが必要になる．

　生態系機能や生態系サービスは，生物のさまざまな営みが関与している．物質生産や分解は，生物の働きに全面的に依存している．また，一見生物の役割が重要でなさそうな水資源の涵養や土砂流出の抑制でさえ，植生の構造が関わっている．しかし，生物の営みが関与しているからといって，直ちに生物多様性が生態系機能やサービスに関わっていると考えるのは早計である．現在，どのような生物多様性が，どのような生態系機能やサービスを，いかに促進させ持続性をもたらしているかについて盛んに研究されている最中である．これまでの研究成果から，生物多様性が作物の送粉，害虫防除，水質浄化など，さまざまな生態系機能に関わっていることが実証されつつある．その仕組みの詳細は後の章で紹介する．

　生態系の安定性を表す用語の一つにレジリエンスがある（詳細は第5章を参照）．これはもともと生態系や生物群集の安定性を定式化したものであるが，今では社会システムの持続性に対しても用いられている．生物多様性が生態系のレジリエンスとどこまで関わっているかを科学的に解き明かすことは，地球環境や人間社会の**持続可能性**（sustainability）を考えるうえでも重要な視点である．

第 I 部
遺伝子の多様性

第I部 遺伝子の多様性

第1章　遺伝的多様性の成因と測り方

　生物多様性には，遺伝子，種，生態系の3つのレベルがある．種や生態系は肉眼で確認することができるので理解が容易であるが，遺伝子の多様性は人が直接的に感じとることは難しい．そのため，遺伝子レベルにおける多様性の減少とそれがもたらす危機については，これまで比較的注目されることは少なかった．しかし，遺伝子を対象とした解析手法は近年著しい進展をみせており，種内に保持されている遺伝的多様性に関わる情報を容易にかつ大量に取得することが可能になっている（コラム1）．

　一般に，ある生物種の集団を構成する個体間には遺伝的な変異が存在する．集団における遺伝的変異の量は，**突然変異**（mutation）や，外部からの**遺伝子流動**（gene flow），**平衡選択**[1]（balancing selection）などの変異を増大・維持させる要因と，**遺伝的浮動**（genetic drift）や一般的な**自然選択**[2]（natural selection）などの変異を減少させる要因とのバランスによって決定される．

　遺伝子の多様性は，適応進化の原動力となるものであり，環境変動や病原体に対する対応能力に深く関わっている．また，自家不和合性[3]や近交弱勢[4]では，

---

[1]　頻度の低い対立遺伝子・形質をもつ個体や，ヘテロ接合の個体の適応度が高いことなどによって，集団内の遺伝的変異が保たれるように自然選択が働くこと．

[2]　特定の遺伝的変異が選択されるものとして，集団の中で平均的な形質を示す個体の適応度が高くなる安定化選択（stabilizing selection），ある形質が特定の方向に変化するように働く方向性選択（directional selection），集団の中で平均値から大小両方向に外れた値をもつ個体の適応度が高くなる分断選択（disruptive selection）などがある．

[3]　被子植物において進化した自家受精を防ぐ仕組み．花粉または花粉親のもつs対立遺伝子が雌しべのもつs対立遺伝子と同一であると，雌しべはその花粉を受け付けない．集団内でs対立遺伝子の多様性が減少すると，個体間で共通のs対立遺伝子を保持することが多くなるので，他個体由来の花粉でも自家花粉と見なしてしまい，受精・結実効率が低下する．

[4]　血縁個体間の交配による子どもでは，ホモ接合した劣性有害遺伝子が発現するために生存率や適応度が低下する．個体数の少ない絶滅危惧種では集団を構成する個体が多少なりとも血縁関係にあり，集団の遺伝的多様性が低いことが多い．このような集団で生まれた子どもは，近交弱勢の弊害を受けやすい．

コラム 1

遺伝的変異はどのように調べられてきたのか

　生物個体群が保持している遺伝的変異はさまざまな方法で解析されてきた．個体レベルの遺伝的変異を評価するために，もっとも古くから調べられてきたのが，外部形態，行動様式，生理活性などに現れる**表現型**（phenotype）である．1850～60年代にメンデルがエンドウを使って行った交配実験では，花の色や種子の形状などの外部形質の表現型によって個体の遺伝的変異が評価された．交配実験とともに表現型を注意深く解析することで，個体がもつ対立遺伝子の違いを調べることができるが，表現型は遺伝的な変異だけでなく，生物が成育する環境からも影響も受けて変化するため，解析対象データにノイズが含まれやすいという欠点がある．

　表現型よりも環境の影響を受けにくい遺伝的形質の指標として染色体の形質（核型）がある．20世紀初頭，モーガンらはショウジョウバエを対象にして，核型をもとに個体の遺伝的変異と表現型の関係を解析し，遺伝地図を作成した．染色体の数，形態，倍数性などを分析する核型解析は，生物の種分化や生殖隔離にも密接に関連するものであり，現在までにさまざまな生物種を対象にした解析が蓄積されている．

　1970年代以降になると，DNA分子から転写・翻訳された遺伝子の産物であるタンパク質の性質の違いを電位泳動によって比較的簡単に解析できるようになった．1つの遺伝子座から産出されたタンパク質を構成するアミノ酸配列には集団内で変異が存在することがあるが，それを検出するアロザイムマーカーは比較的簡便に多数のサンプルを対象に解析が可能であるために，集団内や集団間の遺伝的多様性に関する大量のデータが蓄積された．

　1980年代になると，遺伝物質そのものであるDNAの塩基配列を読み取ることが容易になった．初期の解析では，細胞内におけるコピー数が多いことや，片親遺伝するために半数性であることから読解が容易な葉緑体DNAやミトコンドリアDNAが解析対象とされることが多かったが，核ゲノムのDNA塩基配列も次第に解析されるようになった．また，直接的にDNA塩基配列を解読することの他に，対立遺伝子のサイズの違いや，特定の塩基配列を認識して切断する制限酵素によるDNA分子の分解様式から，個体間の遺伝的差異を検出することも行われている．

　DNA塩基配列解読技術の発展とともに，一部のモデル生物では，その生物が保持するすべてのDNA塩基配列を解読するプロジェクト，いわゆる**ゲノムプロジェクト**（genome project）が1990年代から始まった．2011年の段階で，すでに1000種以上の生物においてゲノムプロジェクトが完了している．

　DNA塩基配列は1977年に考案され，その後著しく自動化が進んだサンガー法によって解読されていたが，2000年代後半からはパイロシーケンス法などの新たな原理に基づく，いわゆる次世代シーケンサーを用いて塩基配列解読が行われることも多くなった．次世代シーケンサーによる解読では，従来法に比べて桁違いに大量の塩基配列情報が得られる．このようなブレークスルーによって，全ゲノムが解読される生物種は今後ますます増加すると思われる．ゲノム内に存在するさまざまな機能や履歴をもった大量の塩基配列情報を解析するために，**バイオインフォマティクス**（生物情報科学, bioinformatics）という学問分野も生まれている．

集団内に保持されている遺伝的多様性が，各個体の繁殖適応度に直接的に関与している．これらの意義に加えて，植物における種内の遺伝的多様性は，生産量，攪乱・環境変動への耐性，群落内に生息する生物の種多様性など，群集や生態系レベルの機能にも関与していることが近年明らかになっている（第2章参照）．

集団内と集団間で保持されている遺伝的変異は，集団の歴史と進化を明らかにするための重要な情報となる．集団内に保持されている遺伝的変異は，**有効集団サイズ**（effective population size），他集団からの移入，突然変異率などによって影響を受ける．また集団間の遺伝的変異は，遺伝子流動や祖先集団から分離後の経過時間などに影響を受ける．自然選択によって，個体に有利な形質をもたらす対立遺伝子の頻度が集団内で上昇すると，その対立遺伝子が存在する座位の遺伝的多様性は低下する．この事から，ゲノム内のさまざまな部位を対象に遺伝的多様性を集団内や集団間で解析することで，実際に進化に関わっている部分を推定できる．このように，生物種が保持している遺伝的多様性は，生物の進化や生態，生態系プロセスを理解するうえでも重要な解析対象である．

1.1 遺伝的多様性の多寡はどのように決まるか

つぎに，生物集団が保持している遺伝的多様性に影響を与える要因について詳しくみてみよう．さまざまなレベルで保持されている遺伝的変異（コラム2）は，いくつかの方法で定量化されている（コラム3）．遺伝的変異の究極の源は突然変異である．突然変異によって生じた新たな対立遺伝子は，遺伝的浮動や自然選択の影響を受けて，集団内でその頻度を増減させる．集団サイズ（集団を構成する個体数）が小さいときには，偶然の影響によって対立遺伝子頻度が変化することが多く，逆に集団サイズが大きいと，自然選択の影響が強くなる．また集団の遺伝的多様性は，外部からの遺伝子流動量にも強く影響を受ける．

(1) 遺伝的浮動

集団内に保持されている遺伝的変異が自然選択に対して中立，すなわち個体の生存や繁殖に有利または不利でない場合は，対立遺伝子頻度は偶然の作用によって変動する．また，中立でない場合でも，対立遺伝子頻度は偶然の作用によって

コラム 2

さまざまなレベルで存在する遺伝的変異

遺伝的変異はDNA分子上の1塩基の変異から，連続した塩基レベルの変異，染色体の変異，ゲノムレベルの変異など，さまざまなレベルに存在している．また，その由来も1塩基レベルの突然変異で生じた「典型的」なものに加え，ゲノム内で転移する塩基配列に由来するものや，染色体の不等交叉や構造変異，倍数性に由来する大規模なものがある．

①1塩基レベルの変異

もっともスケールの小さい遺伝的変異が，突然変異によって1塩基単位で発生する変異であり，ある塩基が他の塩基に置き換わる置換，新たに追加される挿入，失われる欠失などがある．

②連続した塩基配列を単位とする変異

ゲノムを構成するDNA塩基配列のなかには，連続した塩基配列を単位として反復回数や位置に変異が認められるものがある．このような変異には，DNA複製時に起こる塩基鎖のスリップ（DNA slippage）によって反復回数に変異が生じる**マイクロサテライト**（microsatellite）や，ゲノム上で，コピー・アンド・ペースト，あるいは，カット・アンド・ペーストを繰り返して，配列の位置や数が変化する**転移（転位）因子**（transposable element）に起因するものなどがある．また，特定の遺伝子に注目した場合，一般に1個の細胞は両親から1個ずつ，合計2コピーの遺伝子を受け継いでいるが，個体間でコピー数に変異があることも知られるようになった．これが，**コピー数変異**（CNV：copy number variation）である．ヒトの場合，1割以上ものゲノム領域において，コピー数変異が存在しており，その部位に存在する遺伝子から生産される酵素の活性に影響を与えている．たとえば，デンプンを分解するアミラーゼを産出する遺伝子座にもコピー数変位があり，日本人のようにデンプン質の食品を多くとる民族では，コピー数が有意に多くなっている．この変異は，農耕を始めたことによって，デンプン質の多い食品を摂取するようになったことに対する進化的適応が起こったことを示している．

③染色体レベルの変異

染色体レベルの変異には，ある領域の欠失（deletion：図1a），重複（duplication：図1b）や，方向が逆になる逆位（inversion：図1c），染色体内や染色体間で位置が変わる転座（translocation：図1d）などがある．また，ゲノムレベルで染色体全体が増加するのが倍数化であるが，同質の染色体セットがそのまま倍数化する同質倍数化（図2a）と，由来の異なった組成の染色体セットが倍数化する異質倍数化がある（図2b）．異質倍数体は減数分裂時に相同染色体が正常に対合し，有性生殖

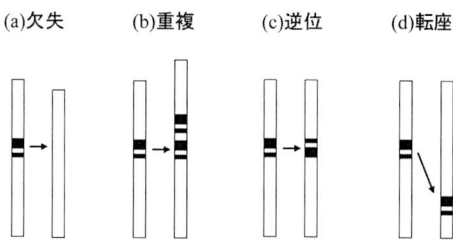

図1 染色体レベルのさまざまな変異．

が可能であることが多いので,異質倍数化に由来する種や農業品種も少なくない.たとえば,マカロニコムギは2つのゲノムから,パンコムギは3つのゲノムからなる異質倍数体である.また,一つの種内において異なった倍数化の個体が存在する種内倍数性を示す種も多い.

欠失や重複は,減数分裂時に相同染色体間における対合が不完全なために生じる不等交叉によって,配偶子に異なった長さの染色体が引き継がれることによって生じることが多い.相同染色体は類似した塩基配列を認識して対合するので,染色体上に転移因子や重複した遺伝子座が連続して存在していると,欠失や重複が起こりやすくなる.

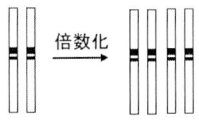

(a) 同質倍数化

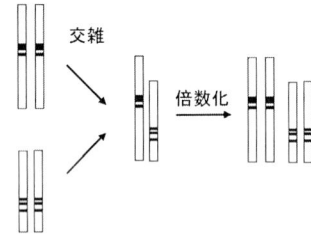

(b) 異質倍数化

図2 染色体の倍数化.

コラム3

遺伝的変異量の評価方法

生物の集団に保持されている遺伝的変異量は様々な方法で定量化・評価されている.

①多型遺伝子座率（P_l : proportion of polymorphic loci）

解析対象の集団において,複数の異なった対立遺伝子が存在する遺伝子座を多型であるという.多型遺伝子座率 P_l は,

$$P_l = \frac{多型の遺伝子座数}{全遺伝子座数} \times 100 \; (\%)$$

で計算する.遺伝子座が多型か否かは解析対象サンプル数に強く依存する.すなわち,サンプル数が少ないときには対立遺伝子が1種類しかなくても,サンプル数が増えるとともに異なった種類の対立遺伝子が出現して,遺伝子座は多型となりうる.そこで,ただ単に複数種類の対立遺伝子の存在によって多型とするのではなく,もっとも高頻度に出現する対立遺伝子の頻度が95%または99%未満のときに,その遺伝子座を多型として取り扱うことが多い.

②遺伝子座あたりの対立遺伝子数（A : average number of alleles per locus）

遺伝子座あたりの対立遺伝子数 A は,

$$A = \frac{解析を行った全遺伝子座の対立遺伝子数}{解析を行った遺伝子座数}$$

で求める.この値もサンプル数に強く依存する.

③有効対立遺伝子数（A_e : effective number of alleles）

ある遺伝子座における有効対立遺伝子数 A_e は,対立遺伝子 i の頻度を p_i とすると

$$A_e = \frac{1}{\sum_i p_i^2}$$

によって計算する.上述の遺伝子座あたりの対立遺伝子数と異なり,サンプル数にあ

まり影響を受けない点で優れている.

④アレリックリッチネス（R_s : allelic richness）

アレリックリッチネス（El Mousadik & Petit 1996）は，解析対象のサンプル数が集団ごとに異なるときに，各集団から同じ数のサンプルを採ったと仮定して，出現する対立遺伝子数の期待値を求めることで，遺伝的変異量の比較を集団間で可能にするものである．ある集団で解析したサンプル数をN，集団間で比較するために設定した共通のサンプル数をn（$N \geqq n$であり，nは比較する集団間でもっとも少ないサンプルサイズの数を用いることが多い），N個のサンプル中に見いだされたi番目の対立遺伝子の個数をN_iとすると，アレリックリッチネス（R_s）は，

$$R_s = \sum_i \left(1 - \frac{{}_{2N-N_i}C_{2n}}{{}_{2N}C_{2n}}\right)$$

で計算される.

⑤ヘテロ接合度（heterozygosity）

集団の遺伝的多様性を評価するにあたってもっとも一般的に用いられているのがヘテロ接合度であり，観察値と期待値が計算される．ヘテロ接合度の観察値（H_o : observed heterozygosity）は，集団の中で，ある遺伝子座について，対立遺伝子がヘテロ接合しているサンプルの割合を示すものである．一方，ヘテロ接合度の期待値（H_e : expected heterozygosity）は，集団においてハーディ・ワインベルグの法則が成立していると仮定して，対立遺伝子頻度からヘテロ接合度を計算したものであり，対立遺伝子iの頻度をp_iとすると，

$$H_e = 1 - \sum_i p_i^2$$

によって計算する.

ヘテロ接合度の観察値と期待値の値が有意に異なっていた場合は，集団がハーディ・ワインベルグ平衡にないと推測することができる．たとえば，近親交配はホモ接合の個体の割合を増加させるので，その場合，H_oはH_eよりも小さくなる．野生生物の配偶行動や繁殖成功は，野外においてもれなく観察することは困難であるが，集団から採集したサンプルのH_e値とH_o値を比較することで，直接的な行動観察を行わなくても近親交配の有無について，ある程度の推定が可能となる．

ヘテロ接合という概念は2倍体以上の生物に適用できるが，半数性の生物に関しても対立遺伝子頻度がわかっていれば，同じ式によって遺伝的変異量を評価することができ，計算から得られた値は，遺伝子多様度（gene diversity）と呼ばれる.

⑥塩基多様度（π : nucleotide diversity）

ここまでに記述してきた遺伝的変異量に関する値は，個々の対立遺伝子の種類の違いについてのみ着目したものであり，対立遺伝子ごとの塩基配列の差異の程度については考慮していない．塩基多様度（π）は，異なった配列間の差異の大きさを評価するものである．塩基多様度（π）は，2個の塩基配列i, j間で異なっている塩基の割合（π_{ij}）を，解析対象とするすべての塩基配列間で求めて積算した値を，2個の塩基配列の組み合わせ数（n_c）で割った値であり，

$$\pi = \frac{\sum_{i<j} \pi_{ij}}{n_c}$$

で計算する.

変動しうる．集団サイズが大きければ，世代間における対立遺伝子頻度の変化は小さいが，集団サイズが小さい場合は，対立遺伝子頻度は偶然の要因によって大きく変化する．このように，偶然の要因によって対立遺伝子頻度が変化するのが遺伝的浮動である．突然変異がなく，外部と遺伝子交流がない集団では，世代交代を経るごとに遺伝的浮動によって遺伝的多様性が低下する．有性生殖で任意交配している2倍体生物の集団の場合，ヘテロ接合度で示した遺伝的多様性は，$t+1$世代のヘテロ接合度をH_{t+1}，t世代のヘテロ接合度をH_tとすると，遺伝的浮動により毎世代，以下のように変化する．

$$H_{t+1} = \left(1 - \frac{1}{2N}\right) H_t \tag{1}$$

ここで，Nは集団内の個体数である．(1) 式に従えば，世代ごとに，集団のヘテロ接合度は$1/(2N)$ずつ低下する．たとえば1000個体からなる集団では，遺伝的浮動による遺伝的多様性の低下は，毎世代1/2000ほどであるが，集団サイズが10個体だと，遺伝的多様性の1/20が世代ごとに失われる．世代交代が10回繰り返された場合，1000個体の集団では$(1-1/2000)^{10}=0.995$となり，0.005の遺伝的多様性が失われるに過ぎないが，10個体の集団では$(1-1/20)^{10}=0.598$であり，ほぼ4割の遺伝的多様性が失われる．

また，(1) 式は2倍体生物を想定したものであるが，4倍体生物の場合は，

$$H_{t+1} = \left(1 - \frac{1}{4N}\right) H_t \tag{2}$$

であり，世代交代ごとにヘテロ接合度は$1/(4N)$減少する．半数体生物の場合は，

$$H_{t+1} = \left(1 - \frac{1}{N}\right) H_t \tag{3}$$

となる．もちろん半数体生物ではヘテロ接合という状態はありえない．(3) 式で示されているヘテロ接合度は，個体レベルの値ではなく，集団内で任意の2個体をとったときに，それらが異なった対立遺伝子を保持している確率であり，**遺伝子多様度**（gene diversity）に相当する（Nei 1973）．ミトコンドリアや葉緑体に含まれるオルガネラゲノムは半数体であるので，毎世代$1/N$ほど遺伝子多様度が低下する．さらに，核ゲノムは両親から遺伝するのに対して，オルガネラゲノムは母親もしくは父親のみの片親から遺伝するので，性比が1：1であれば，オルガネラゲノムを次世代に伝えることのできる個体数は，現存する個体数の半分とな

る．これら2つの理由で，オルガネラゲノムの遺伝子多様度は，2倍体生物の核ゲノムと比較して，4倍の速度で低下する．そのため，核ゲノムに比べると，オルガネラゲノムは，集団内で遺伝的多様性が低くなるとともに，遺伝的浮動によって集団ごとに対立遺伝子頻度がより変化しやすいため，集団間で遺伝的分化が大きくなる傾向がある．

(2) 有効集団サイズ

　(1)～(3) 式は，遺伝的浮動によるヘテロ接合度の世代間の変化を示しており，個体数 N が集団のヘテロ接合度を高く保つために重要であることを示している．これらの式においては，集団を構成するすべての個体が任意交配を行っていることを想定しているが，野生生物の集団では，栄養状態が悪い，繁殖齢に達していない，配偶者がいないなど，さまざまな理由で多くの個体が繁殖に関与できず，実際に世代交代に関わっているのは現存する個体の一部であることが多い．したがって，(1)～(3) 式に用いるべき個体数 N は，現存する個体数の単純な総数ではなく，世代交代にともなって起こる遺伝的浮動によるヘテロ接合度の低下を説明できる値でなければならない．この値が有効集団サイズである．有効集団サイズは，上記の要因以外にも，集団サイズが一時的に縮小する**ボトルネック**（bottleneck：びん首効果ともいう），性比の偏り，子の数の親によるばらつきなど，多くの要因によって低下しうる（コラム 4）．そのため野生生物の集団では，現存の個体数と比べて有効集団サイズが桁違いに小さな値となっていることも多い．

(3) 突然変異

　新たな遺伝的変異の源となるのが突然変異である．突然変異率は測定する対象や測定方法によって大きく異なるが，核 DNA では塩基あたり1世代に 10^{-8} ～ 10^{-9} 程度，数千の塩基配列からなる遺伝子座レベルでは世代あたり 10^{-5} 程度とされている．

　10^{-5} 程度というと，ずいぶん小さな値と思えるかもしれないが，人口数十万の都市では，一つの遺伝子座にのみ注目しても，新たな対立遺伝子が世代ごとに数個生じていることになる．また数万個の遺伝子座をもつ生物の場合，一個体に注目しても数分の一の確率で，現在保有しているものとは異なる対立遺伝子を次世

代に伝えていることに相当する．

(1) 式で示したように，遺伝的浮動によって世代ごとに遺伝的変異は失われるが，突然変異によって新たな変異も生まれる．両者が平衡状態にあるとき，ヘテロ接合度の期待値（H_e）は，2倍体生物の核ゲノムの場合，以下のようになる．

$$H_e = \frac{4N_e\mu}{4N_e\mu + 1} \qquad (4)$$

ここで，N_e は有効集団サイズ，μ は突然変異率である．

突然変異率 μ が世代あたり遺伝子あたり 10^{-5} の値の場合，有効集団サイズが 100 の集団では，ヘテロ接合度は 0.004 とほぼ 0 に等しい．一方，有効集団サイズが 10 万の集団では，ヘテロ接合度は 0.8 と高く維持される．このように，有効集団サイズの大きさは，突然変異による集団の遺伝的多様性の創出にとって重要である．

有効対立遺伝子数 n_e と突然変異率の関係は

$$n_e = 4N_e\mu + 1 \qquad (5)$$

で表される．先ほどの例と同様に，遺伝子座の突然変異率 μ を世代あたり 10^{-5} とすると，有効集団サイズが 100 の場合は，有効対立遺伝子数は 1.00004 であり，1個の対立遺伝子にほぼ固定された状態となるが，有効集団サイズが 10 万であると，有効対立遺伝子数は 5 となる．集団内に保持される対立遺伝子数という観点からも，有効集団サイズが大きいことは重要である．

オルガネラゲノムや半数体生物では，個体のヘテロ接合度は存在しないが，集団の中で任意の 2 個体を取り上げたときに，それらが異なった対立遺伝子をもっている確率は，

$$H_e = \frac{2N_e\mu}{2N_e\mu + 1} \qquad (6)$$

となる．

(4) と (6) の 2 式にさまざまな有効サイズを代入してみれば明らかなように，突然変異率と有効集団サイズが同じであっても，オルガネラゲノムや半数体生物は，2倍体生物の核ゲノムよりもヘテロ接合度（遺伝子多様度）が低くなる．そのうえ，オルガネラゲノムは，片親遺伝するために有効集団サイズが核ゲノム上の遺伝子と比べて半減することから，ヘテロ接合度の期待値はさらに小さくなる．

(4) 自然選択

　ある遺伝的変異をもつことによって，その個体が**自然選択**（selection：選択，自然淘汰ともいう）を受け，生存率や次世代に残した子孫の数が影響されることがある．自然選択は次の世代における集団の遺伝的組成を変化させる．突然変異は生物体にもたらす効果によって，①有害なもの，②中立なもの，③有利なもの，④条件によって変化するもの，に分けることができる．

　①有害な突然変異は自然選択によって集団から除去されるが，その速度は有害の度合いが高いものほど速いため，個体に深刻な影響を与える有害遺伝子ほど集団内における頻度は低くなる．

　②突然変異の多くは中立，もしくは中立に近いものと考えられており，そのような突然変異で生じた対立遺伝子の集団内における動態は，偶然の要素，すなわち遺伝的浮動によって決定される．中立な対立遺伝子では，突然変異による発生頻度と，対立遺伝子の固定（集団の全個体が一つの対立遺伝子のみを保持すること）ないしは消滅までの時間とのバランスによって，集団内における遺伝的多様性が決定される．

　③有利な突然変異は有害なものより低頻度で生じ，自然選択によって集団内での頻度を高めるが，中立な対立遺伝子と同じく遺伝的浮動の影響も受ける．有利な作用をもたらす対立遺伝子でも，後に述べるように，偶然の作用によって集団から消滅することも多い．

　④対立遺伝子の効果が環境条件によって変化することもある．この場合，集団としてみれば特定の対立遺伝子は固定されず，遺伝的多様性が保持される．このような場合の例として，平衡選択をあげることができる．平衡選択をもたらすものには**頻度依存選択**（frequency-dependent selection）や**超優性**（overdominance）などがある．頻度依存選択は，集団内における対立遺伝子の頻度によって，それぞれの対立遺伝子の有利性が変化するものである．被子植物の自家不和合性では，花粉や花粉親がもつs対立遺伝子の種類が，種子親となる植物個体のもつs対立遺伝子と同じであると受精ができない．そのため，集団内において頻度の低いs対立遺伝子をもった植物個体は花粉親として有利となり，より多くの子孫を残すことができる．しかしながら，その対立遺伝子の頻度が集団内で上昇すれば，それを保持する個体は花粉親として不利になる．脊椎動物の免疫において重要な働きを担う主要組織適合抗原がコードされている遺伝子領域である主要

組織適合遺伝子複合体（MHC：major histocompatibility complex）は，ヒトでは 360 万塩基にも及ぶ長大な領域である．MHC が多様であることによって，多様な病原体を認識し，適切な免疫反応を起こすことができるが，この領域では対立遺伝子数が多く，その頻度が均等に近いことが知られている．これは，MHC において平衡選択が起こっている証拠であると考えられている．

対立遺伝子のなかには，ヘテロ接合の状態で存在すると，ホモ接合の場合に比べて，個体の適応度を上昇させるものがある（超優性）．超優性の例としてよく知られているのが，鎌形赤血球症をもたらす対立遺伝子である．この対立遺伝子は，保持している個体にマラリアに対する抵抗性を与えるが，ホモ接合の形で保持していると赤血球が鎌形となり，深刻な貧血をもたらす．しかしながら，ヘテロ接合で保持していると鎌形赤血球とはならないうえに，マラリアを発症しない．そのため，この対立遺伝子はマラリア感染地帯では超優性を示す対立遺伝子になる．超優性を示す対立遺伝子が存在する遺伝子座では，ヘテロ接合であることが個体の適応度を上げることから，遺伝的多様性が集団内で維持されやすくなる．

また時間や空間の変異性により異なる自然選択が働くことも遺伝的多様性を保つ要因としてあげられる．ショウジョウバエでは季節によって異なる自然選択が働き，染色体逆位をもった個体の頻度が季節変動することが知られている．また空間的に離れた生育地間で，気温や降水量の違いなどに対して異なった自然選択が働いた結果，それぞれの場所で異なった対立遺伝子の頻度が上昇することは多い．これらの生育地間で遺伝子流動があれば，結果として集団内の遺伝的多様性が高く維持されることになる．

ある対立遺伝子をもつことで個体の適応度が高くなると，その対立遺伝子を持った個体が集団内で増加する．その結果，特定の対立遺伝子の頻度が高くなり，集団の遺伝的多様性は低下する．その一方で，生物集団には突然変異や他集団からの移入によって，遺伝的変異が発生，あるいは持ち込まれるが，減数分裂時に組換えが起こるので，遺伝的多様性の低下は，自然選択に関与している対立遺伝子が位置する遺伝子座の近傍に限られるようになる（図 1.1a）．この仕組みを利用すると，自然選択が起こっている集団を対象に，複数遺伝子座の遺伝的多様性を網羅的に解析することで，自然選択に関与しているゲノム部位を推定できる．ちなみに，コラム 4 に記述したボトルネックや創始者効果による遺伝的多様性の低下では，ゲノム全体にわたって遺伝的多様性が低下する（図 1.1b）．

1.1 遺伝的多様性の多寡はどのように決まるか　　19

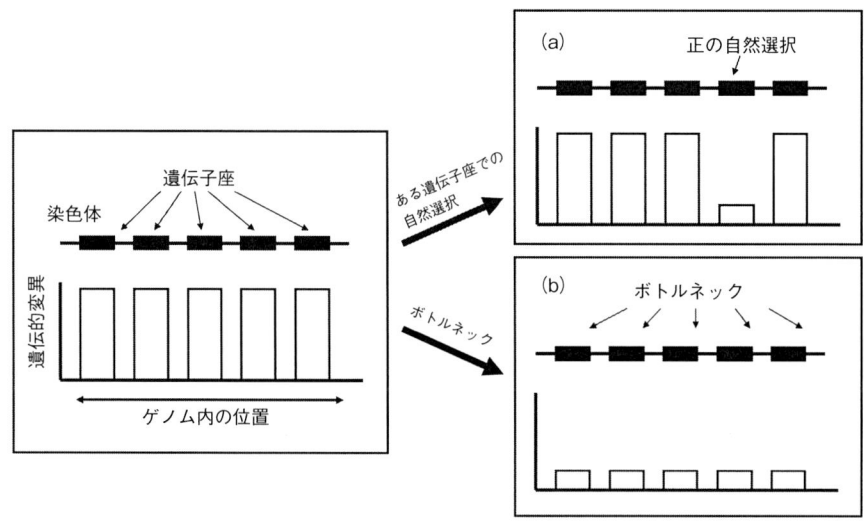

図 1.1　自然選択とボトルネックによる遺伝的変異の低下パターン．複数のサンプルを対象に，ゲノム内のいくつかの遺伝子座における遺伝的変異を測定した結果のイメージ．(a) 自然選択の場合，適応形質に関わる遺伝子座の近傍のみで遺伝的変異が低下する．(b) ボトルネックでは，ゲノム全体の遺伝的変異が低下する．

　自然選択が集団の遺伝的多様性に与える影響の大きさは，有効集団サイズに依存する．有効集団サイズ N_e の集団内において，突然変異によって新たに生まれた対立遺伝子が中立で自然選択の影響を受けない場合，その対立遺伝子は $1/(2N_e)$ の確率で**固定**（fixation），すなわち，一つの対立遺伝子によって集団の遺伝子プールが占められる．したがって，有効集団サイズが小さな集団ほど，突然変異で生まれた新たな対立遺伝子は遺伝的浮動によって固定しやすく，集団は遺伝的多様性を失いやすい．

　これに対して大きな集団では，遺伝的浮動よりも自然選択が有効に機能する．ある遺伝子型が受ける自然選択の相対的な強さを示す**選択係数**（selection coefficient，淘汰係数ともいう）が s，有効集団サイズが N_e とすると

$$s < \frac{1}{2N_e} \tag{7}$$

の場合には，自然選択よりも遺伝的浮動の効果の方が大きくなる．たとえば，ある遺伝子型の s が 0.01 のとき，自然選択は 1％有利ないしは不利に働くが，0.01 < $1/(2N_e)$，すなわち N_e が 50 より小さい集団では，有利または不利な効果をも

コラム 4

有効集団サイズに影響を与える要因

さまざまな要因が有効集団サイズに影響を与えるが，そのうち，生物保全上，興味深いものについていくつか紹介しよう．

①ボトルネックや集団サイズの変動

集団サイズが一時的に減少して，その後に再び回復することを，瓶の細い首に例えて，ボトルネックという．集団サイズが t 世代にわたって変動している集団について，世代 i における個体数を N_i とすると，有効集団サイズ N_e は，

$$\frac{1}{N_e} = \left(\frac{1}{t}\right) \times \left(\frac{1}{N_1} + \frac{1}{N_2} + \frac{1}{N_3} + \cdots + \frac{1}{N_{t-1}} + \frac{1}{N_t}\right),$$

$$N_e = \frac{t}{\sum_i \left(\frac{1}{N_i}\right)}.$$

となる．たとえば，6世代の間に，集団の個体数が 3000, 3000, 10, 100, 3000, 3000 と変動した場合，単純な平均値は 2018 であるが，この式によれば，有効集団サイズは 53.9 となる．有効集団サイズは，個体数の平均値ではなく，集団がもっとも縮小したときの個体数に大きな影響を受けている．

世代交代時には，集団内に保持されている対立遺伝子が次の世代に伝えられていくが，特に集団サイズが小さなときには，遺伝的浮動によって，対立遺伝子のうちのいくつかが次世代に引き継がれないことが起こりうる．対立遺伝子 i の頻度が p_i であるとき，この対立遺伝子が 1 個の配偶子の中に引き継がれない確率は $1-p_i$ である．有効集団サイズが N_e の場合，次世代の個体に遺伝子を伝える配偶子の数は 2 倍体生物の場合は $2N_e$ であるので，これらの配偶子すべてに対立遺伝子 p_i が含まれない確率は $(1-p_i)^{2N_e}$ となる．これらを現存するすべての対立遺伝子に対して考慮すれば，世代交代前の対立遺伝子が n 種類あった場合，1 回の世代交代後に伝えられる対立遺伝子の数 A は

$$A = n - \sum_{i=1}^{n}(1-p_i)^{2N_e}$$

となる．

ボトルネックは，個体数の変動による遺伝的変異の喪失をもたらすが，同様の効果をもたらすものとして，**創始者効果**（founder effect）がある．創始者効果では，集団自体がごく少数の個体（創始者）に由来するが故に，集団の遺伝的変異が減少する．

②性比の偏り

集団を構成する雌雄の個体数比が 1：1 からずれることも，有効集団サイズを小さくする．集団内の雌雄の個体数（N_f および N_m）と有効集団サイズ（N_e）には，次の関係がある．

$$N_e = \frac{4N_f N_m}{N_f + N_m}.$$

性比が 1：1 のとき，集団の見かけの個体数を N とすれば，$N_f = N_m = N/2$ であるので，$N_e = N^2/N = N$ となり，性比は有効集団サイズには影響しない．これに対して，たとえば，雄 5 個体，雌 95 個体，合計 100 個体の場合，

$$N_e = \frac{4 \times 5 \times 95}{5 + 95} = 19$$

と，見かけの個体数より著しく小さな値となる．

③子孫数のバラツキ

有性生殖による世代交代を経ても集団サイズが変化しないときは，雌雄のペアは平均して 2 個体の子孫を次世代に残している．しかしながら，次世代に残す子孫の数は，個体ごとに大きく異なっているのが一般的であり，その分散を V とすると，有効集団サイズ N_e は

> $$N_e = \frac{4N-2}{2+V}$$
>
> となり，分散が大きいほど有効集団サイズは小さくなる．
>
> 逆に，たとえば，飼育環境下などにおいて繁殖をコントロールして，すべての雌雄ペアが同数の子孫を残すようにできれば，$V=0$ となる．$V=0$ を式に代入すれば，
>
> $$N_e = \frac{4N-2}{2} = 2N-1$$
>
> となり，有効集団サイズが見かけの個体数に比べてほぼ倍増している．絶滅危惧種を生育域外保全するに際して，各個体の子孫数が均一になるように管理することが，集団の遺伝的多様性を維持するにあたって効果的であることがわかる．

たらす対立遺伝子の集団内における増減が，自然選択ではなく偶然に支配されるようになる．そのため，有害な対立遺伝子が突然変異で生じても，自然選択によって除去されず集団内に蓄積しやすくなる．このことは，小集団において，有害な突然変異が蓄積することで生存率や繁殖率が低下し，集団が消滅に至る原因の一つと考えられ，**突然変異メルトダウン**（mutational meltdown）と呼ばれている（Hedrick 2011）．

(5) 繁殖様式

繁殖様式の違いも集団内の遺伝的多様性や，その分布様式に影響を及ぼす．無性生殖によって個体が繁殖する場合，同一の遺伝子型をもった個体が集団内で増加する．有性生殖では組換えによってさまざまな遺伝子型をもった子孫が生まれるが，動物にみられる単婚と複婚のような配偶システムや，植物における多様な性表現（表1.1）など，繁殖様式にはバリエーションがあり，それぞれが集団の遺伝的多様性に異なった効果をもたらす．これらに加えて，個体や配偶子（精子，卵子，花粉など）の移動を介した集団間における遺伝子流動の量も集団内の遺伝的多様性に影響を与える．

近親交配は，血縁関係にある個体間で行われる交配・繁殖である．近親交配は集団の対立遺伝子頻度には影響しないが，ヘテロ接合している個体の割合，すなわち，ヘテロ接合度の観察値を低下させる．複数の対立遺伝子が，1個体の祖先が保有していた1個の対立遺伝子に由来するとき，これらの対立遺伝子は**同祖的**（identical-by-descent）であるという．近親交配の程度を表す**近交係数**（F: inbreeding coefficient）は，ある個体が両親から受け継いだ2個の対立遺伝子が

表 1.1 植物の多様な性表現（菊沢 1995 を改変）

性的単型（種内の各個体はすべて同じ性表現で両性）	
両性花：	1 花に両性の生殖器官
雌雄同株：	1 個体が雄花と雌花をもつ
雌性両全同株：	1 個体が雌花と両性花をもつ
雄性両全同株：	1 個体が雄花と両性花をもつ
多型性同株：	1 個体が雄花，雌花，両性花などをもつ
性的多型（種内の各個体が異なる性表現）	
雌雄異株：	雄個体と雌個体がある
雌性両全異株：	雌個体と両性個体がある
雄性両全異株：	雄個体と両性個体がある
多型性異株：	「雄花と両性花をもつ個体」または「雌花と両性花をもつ個体」と，「雄個体」または「雌個体」が混在する
3 型性：	雄個体，雌個体，両性個体が混在する

同祖的である確率（$0 \leq F \leq 1$）である．

家系図があれば，近交係数は簡単に計算できる．近親交配で生まれた子供から家系図をたどってゆくと，両親は互いに血縁関係にあるので，家系図のどこかで共通する祖先をもっている．そのため，家系図の中に閉じた経路が形成される（図 1.2）．このような閉じた経路の数を m，i 番目の経路に含まれる祖先の数を n_i，集団全体の近交係数（遠い祖先が共通するなど，家系図からは認識できないが，集団内の個体が同祖的な対立遺伝子を共有する確率）を F_i とすると，近交係

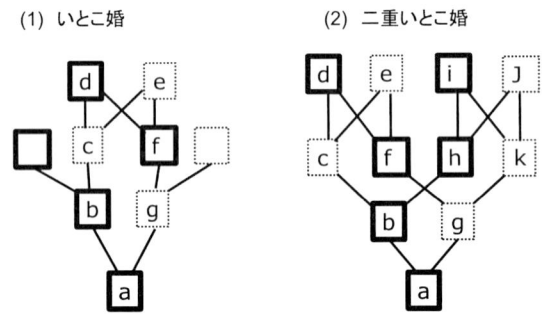

図 1.2　家系図に基づく近交係数の計算例．
(1)　b，g のいとこ婚から産まれた a からみると，家系図中に abcdfga と abcefga の 2 個の閉じた経路が存在する．どちらの経路も経路中に存在する祖先の数は 5 であるので，(8) 式において $F_i = 0$ であるとすると，近交係数は $(1/2)^5 + (1/2)^5 = 1/16$ となる．
(2)　b，g の二重いとこ婚によって産まれた子 a からみると，家系図中に abcdfga，abcefga，abhikga，abhjkga の 4 個の閉じた経路が存在し，それぞれの経路中に存在する祖先の数は 5 である．(8) 式において $F_i = 0$ とすると，近交係数は $(1/2)^5 + (1/2)^5 + (1/2)^5 + (1/2)^5 = 1/8$ となる．

数 F は

$$F = \sum_{i=1}^{m} \left(\frac{1}{2}\right)^{n_i} (1 + F_i) \tag{8}$$

となる.

野生生物では,家系図がない場合が多いので,近交係数は集団におけるヘテロ接合度の期待値（H_e）と観測値（H_o）から

$$F = 1 - \frac{H_o}{H_e} \tag{9}$$

として推定することが多い.

(6) 遺伝子流動

生物種は多くの場合,生育可能域全体に均一に分布しているわけではなく,複数の局所集団に分かれて生育している（図1.3）.あたかも生物集団を構成する生物個体が,誕生,成長,死亡するように,個々の局所集団も,新たな形成,サイズの増減（集団内の個体数の増減）,消滅を行っている.そして個体の集合として集団が存在するように,局所集団の集合として**メタ集団**（metapopulation）が存在する.

対立遺伝子頻度や遺伝的多様性は,局所集団における遺伝的浮動や自然選択の影響によって,それぞれ異なっていることが多いが,遺伝子流動は,集団間で対

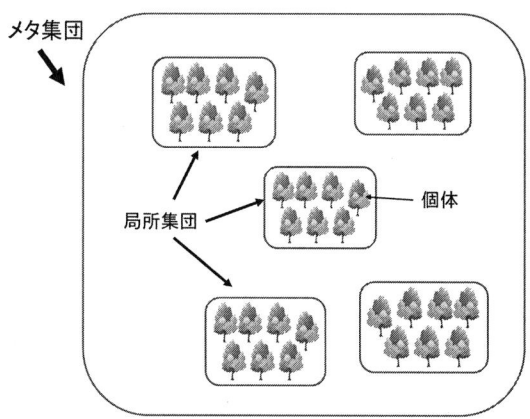

図 1.3 生物の構成単位である個体,局所集団,メタ集団の関係.

立遺伝子の移動をもたらし，集団の遺伝的変異量や対立遺伝子頻度を変化させる．孤立した小集団が世代交代を重ねると，遺伝的浮動の効果によって遺伝的多様性が低下するが，遺伝子流動はそのような集団の遺伝的多様性を回復させる．

1.2 集団の遺伝的分化

対立遺伝子頻度には空間的な偏りがあることが多い．局所集団内の個体や，メタ集団を構成する局所集団が空間的に遺伝的不均一性を示すことを，空間的遺伝構造が存在するという．空間的遺伝構造のスケールやパターンは，遺伝的浮動や自然選択のように，集団間の遺伝的分化をもたらすことで構造をよりはっきりとしたものにする要因と，遺伝子流動のように，構造を均質化する要因によって形成される．

遺伝的変異は，局所集団内と局所集団間に分割して保持されている（図1.4）．例えば，図1.4に示した種Aでは，局所集団間で対立遺伝子頻度が異なり，遺伝的な差異は大きく，はっきりとした空間的遺伝構造がある．これに対して種Bでは，対立遺伝子の多くが局所集団間で共有されており，集団間の遺伝的な差異は小さい．こうした差異は，生物種の移動能力，地域環境への適応，分布拡大過程の履歴などを反映している．

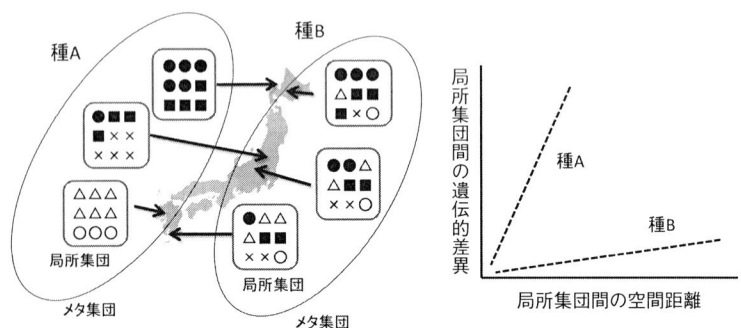

図1.4 局所集団間の空間距離と遺伝的差異の関係からみた空間的遺伝構造．種内の遺伝的変異が局所集団にどのように保持されているか模式的に示した．局所集団内の印はそれぞれ異なる対立遺伝子を示す．

(1) F 統 計 量

　集団内や集団間における遺伝的変異の分布様式や遺伝的分化の程度を評価するために，さまざまな指標が提唱されてきた．そのなかでもっとも古く，そして現在も広く用いられているのが，1920 年代に Sewall Wright が提唱した F 統計量である．

　F 統計量は，ハーディ・ワインベルグの法則が成立している集団におけるヘテロ接合度の期待値からの「ずれ」の大きさを，個体，局所集団，メタ集団，の 3 つのレベルの空間スケール（図 1.3）で評価するものである．F 統計量の計算においては，まずそれぞれのレベルにおいてヘテロ接合度を計算し，ヘテロ接合度の観察値の全局所集団における平均値（H_I），局所集団内において任意交配が行われた場合のヘテロ接合度の期待値の平均値（H_S），全集団において任意交配が行われたときのヘテロ接合度の期待値（H_T）を求める．次に，(9) 式においてヘテロ接合度の期待値 H_e と観測値 H_o から近交係数 F 値を求めたときと同様に，局所集団内や局所集団間の F 値を求める．

　近交係数（F_{IS}：inbreeding coefficient）は，局所集団内において，近親交配によって低下するヘテロ接合度を示すものであり，

$$F_{IS} = 1 - \frac{H_I}{H_S} \tag{10}$$

で計算する．

　固定指数（F_{ST}：fixation index）は，メタ集団全体で任意交配が行われた場合のヘテロ接合度の期待値と，局所集団ごとに任意交配が行われた場合のヘテロ接合度の期待値を比較することで，局所集団間の遺伝的分化を示すものであり，

$$F_{ST} = 1 - \frac{H_S}{H_T} \tag{11}$$

によって求める．個々の局所集団中の対立遺伝子頻度が，メタ集団のそれと大差なければ，それぞれのレベルにおけるヘテロ接合度の期待値である H_S と H_T は類似した値となり，H_S/H_T は 1 に，F_{ST} は 0 に近い値となる．反対に，局所集団間に遺伝的な交流がないと，遺伝的浮動などにより各集団の遺伝的多様性が失われ，H_T に比べて H_S の値が小さくなり，結果として F_{ST} 値は大きくなる．

　F_{ST} 値は多くの生物集団を対象に解析されてきた．そのため，値が 0.05 以下であれば集団間の遺伝的分化が小さく，0.05〜0.15 で中程度，0.15〜0.25 で大きな

遺伝的分化，0.25 以上では非常に大きな遺伝的分化が起こっている，といった経験的な評価が可能である（Conner & Hartl 2004）．

F 統計量は古くから用いられてきたが，今なお，集団間の遺伝的分化の指標として広く用いられている．また，図 1.1（a）に示したような，自然選択の起こった遺伝子座をゲノム内で特定する際に必要となる集団間の遺伝的分化の定量化にも F_{ST} が用いられている．ただし，コラム 5 に紹介したように，遺伝的分化を評価する値は F 統計量以外にも，さまざまなものが提唱されているので，使用する遺伝マーカーや解析方法に合わせて，適切なものを選択して使用するとよい．

(2) 集団の断片化・孤立と遺伝的分化

人間のインパクトは，いまや地球上のすべての生態系に及んでいるといっても過言ではない．人為インパクトにより生態系が破壊された結果，生育地の縮小や孤立化が各地で生じている（図 1.5）．このような生育地においては，局所集団の有効サイズは減少し，また外部との遺伝的交流が減少して遺伝的浮動の影響を強く受けるため，集団は遺伝的に分化し，F_{ST} 値は上昇する．

こうした集団への外部からの個体の移入は，F_{ST} 値にどのような影響を与えるだろうか．孤立した局所集団の有効集団サイズを N_e，世代ごとに移入する個体の局所集団における割合を移入率 m とすると，孤立した局所集団と外部の集団間の F_{ST} 値は，

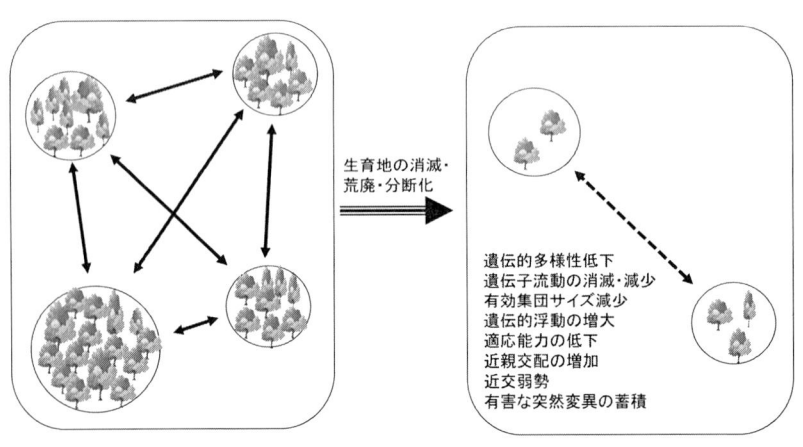

図 1.5 生育地の断片化や孤立がもたらしうる遺伝的影響．

コラム 5
遺伝的分化の評価方法

集団の遺伝的分化を評価する値は，F 統計量以外にもさまざまなものがある．

①遺伝子分化係数（G_{ST}：coefficient of gene differentiation）

F_{ST} 値に類似したものとして，Nei の提唱した G_{ST} がある．F 統計量は，元来，1個の遺伝子座に2個の対立遺伝子が存在していることを想定したものであるが，G_{ST} はより多くの対立遺伝子を含む遺伝子座も扱えるように拡張したものである．現在ではさまざまな生物集団間における遺伝的分化を評価するにあたって F_{ST} と G_{ST} は，ほぼ同義の値として用いられている．

②マイクロサテライトマーカーによる解析に基づく遺伝的分化の指標値 R_{ST}

ここまで述べてきた F_{ST} や G_{ST} は，本来，タンパク質多型，すなわち，アロザイム解析から得られたデータを扱うために考案されたものであるが，最近は，アロザイムよりも多型性に富むマイクロサテライトマーカーが集団の遺伝的分化の評価に用いられるようになってきた．

平均的なタンパク質は，20種類のアミノ酸が数百個連なって構成されている．300個のアミノ酸からなる標準的な大きさのタンパク質を考えた場合，そのアミノ酸配列は $20^{300} > 10^{390}$ 通りと，事実上無限に存在する．したがって，タンパク質の場合，突然変異が起こるたびに，これまで存在しなかった新たな対立遺伝子が生まれると考える無限対立遺伝子モデル（図 1a）が採用されている．これに対して，短い塩基配列のモチーフの反復回数の違いが異なった対立遺伝子として認識されるマイクロサテライトでは，突然変異が起こるたびに，反復回数が増減するために，たとえば，反復回数10回の対立遺伝子が，突然変異で11回となったあとに，次の突然変異で再び反復回数10回に戻るということが起こりうる．この様なタイプの突然変異を記述するのがステップワイズ突然変異モデル（図 1b）であり，それに基づいて遺伝的分化を計算するのが R_{ST} である．

ただし，マイクロサテライト部位の突然変異がすべてステップワイズ突然変異モデルに従うわけではなく，タンパク質と同様に，無限対立遺伝子モデルでその挙動がよく記述できることもある．これは，マイクロサテライト部位の突然変異が反復回数の単純な増減だけでなく，不規則な塩基の挿入なども含まれるためと考えられている．

③対立遺伝子間の遺伝的距離を考慮した遺伝的分化の指標値 Φ_{ST}, N_{ST}

前述の F_{ST} や G_{ST} は，集団の対立遺伝子

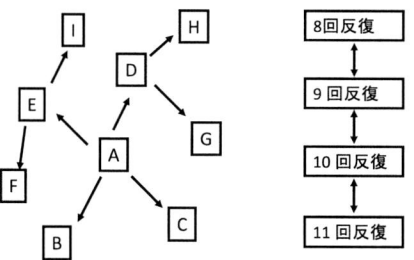

(a)無限対立遺伝子モデル　(b) ステップワイズ突然変異モデル

図1 突然変異によって対立遺伝子が生まれる2種類のモデル．

頻度に基づいて遺伝的分化を評価しており，それぞれの対立遺伝子間における遺伝的距離は考慮していない．それぞれの対立遺伝子には，塩基配列の違いという形で，過去の履歴に関する情報が含まれているのだが，F_{ST} や G_{ST} は，そのような情報を活用していないことになる．

AMOVA (Analysis of Molecular Variance) で用いられる $Φ_{ST}$ は，対立遺伝子間の遺伝的な差違を定量的に評価して，局所集団内と集団間に保持されている遺伝的変異を，階層的に分割・解析するものである (Excoffier et al. 1992)．AMOVA はアロザイムマーカーやマイクロサテライトマーカーだけでなく，DNA シーケンス，RFLP，AFLP など多様な解析方法によって得られたデータを解析できるメリットがある．

Pons & Petit (1996) が提唱した N_{ST} は，対立遺伝子間の遺伝的差異や系統的差異について評価するものである．G_{ST} と N_{ST} を一つのデータセットについて計算・比較することで，現存する遺伝構造が系統関係を反映したものか否かを検定することができる．図2に示した例では，局所集団 A と B には異なった対立遺伝子が存在しており，2つの集団は個体群が遺伝的に分化している．当然，G_{ST} は正の値となる．ここで，それぞれの対立遺伝子の系統的な差違も考慮に入れた遺伝的分化の指標である N_{ST} を G_{ST} に併せて解析することで，局所集団の歴史や遺伝的背景についてのさらに深い理解が可能となる．

④**多型性の高い遺伝マーカーのための遺伝的分化の指標値 G'_{ST}, D**

遺伝的分化の指標として広く用いられている G_{ST} や F_{ST} は，もともとは多型性が低く，対立遺伝子頻度が集団間で極端に異ならない遺伝マーカーを想定している．そのような条件を満たすアロザイムマーカーでは G_{ST} や F_{ST} は集団間の遺伝的分化の指標として妥当な値をとる．しかしながら，マイクロサテライトマーカーのように多型性が高く，集団を構成する大部分の個体がヘテロ接合をしている場合では問題が生じうる．すなわち，H_S が 1 に近い値の場合（マイクロサテライトマーカーでは珍しくない），$1 - H_S$ は 0 に近い値となるが，

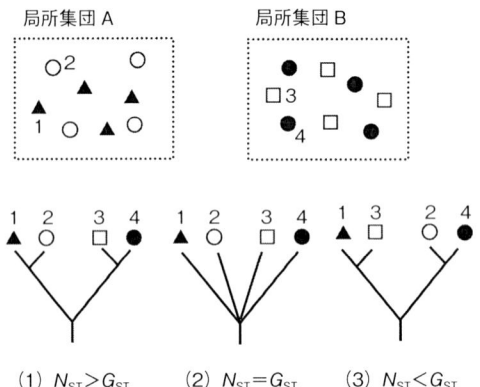

図2 N_{ST} を用いた系統と遺伝構造の関係解析 (Pons & Petit 1996)．この図では，局所集団 A と B に異なった対立遺伝子が分布しているので，遺伝的分化を示す指標である G_{ST} は正の値となる．更に，各対立遺伝子の系統関係を考慮に入れたとき，同じ集団に系統的に類似した対立遺伝子が存在している（1）の場合は，$N_{ST} > G_{ST}$，それぞれの対立遺伝子が系統的に同等に類似している（2）の場合は $N_{ST} = G_{ST}$，同じ集団に系統的にかけ離れた対立遺伝子が存在している（3）の場合は，$N_{ST} < G_{ST}$ となる．

$G_{ST} = F_{ST} = \dfrac{H_T - H_S}{H_T} = 1 - \dfrac{H_S}{H_T} < 1 - H_S$

であることから，G_{ST} や F_{ST} は，集団間の遺伝的分化量に関わらず，$1 - H_S$ よりも小さな値にしかなりえない．そのため，H_S が 1 に近い値の場合，G_{ST} や F_{ST} では遺伝的分化量を適切に評価できない．

Hedrick (2005) は，この問題に対処するために，

$$G'_{ST} = G_{ST} \dfrac{1 + H_S}{1 - H_S}$$

を提唱している．また，Jost (2008) は，

$$D = \left(\dfrac{H_T - H_S}{1 - H_S}\right)\left(\dfrac{n}{n-1}\right)$$

を考案している．ここで，n は解析対象としている局所集団の数である．これらの指標を用いることで，多型性の高いマーカーから得られたデータでも，G_{ST} や F_{ST} と比較可能な値を得ることができる．

$$F_{ST} = \dfrac{1}{4N_e m + 1} \tag{12}$$

となる．

(12) 式の $N_e m$ は局所集団の有効集団サイズと世代あたりの移入率の積である．これは 1 世代に外部から局所集団へ移入する個体数を示している．局所集団が完全に孤立していて，外部からの移入がまったくなければ，$N_e m = 0$ であり，$F_{ST} = 1$ となる．逆に多くの個体が外部から移入してくる状況では，F_{ST} は移入個体数の増加とともに限りなく 0 に近づく．(12) 式で興味深いのは，$N_e m$ が比較的小さな場合である．たとえば，$N_e m = 1$ は，1 世代あたりに 1 個体が外部から局所集団に移入してくる状況であるが，この場合，

$$F_{ST} = \dfrac{1}{4N_e m + 1} = \dfrac{1}{4 + 1} = 0.2 \tag{13}$$

となる．完全な孤立状態で $F_{ST} = 1$，まったく孤立していないときで $F_{ST} = 0$ であるので，世代あたり，わずか 1 個体の移入でも，大きな効果を局所集団に与えることがわかる（図1.6）．集団が孤立していても 1 世代あたり 1 個体の移入によって，遺伝的浮動による遺伝的分化が著しく解消されることは，**1 世代 1 個体の原則**（one-migrant-per-generation rule）として知られている．ただし，ここでいう 1 個体とは，実際の個体数 N ではなく，有効集団サイズから評価した個体数 N_e である．したがって，実際の自然集団では，1 世代 1 個体よりも多くの移入が必要である（Mills & Allendorf 1996, Vucetich & Waite 2000）．植物群落では，種子にくわえて花粉によっても他集団からの遺伝子流動が起こる．花粉は種子よりも

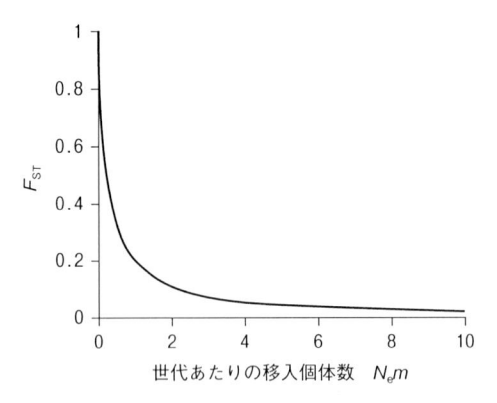

図 1.6 局所集団への世代あたりの移入個体数と遺伝的分化度の関係.

移動能力が高く，長距離の遺伝子流動への貢献が大きいが，半数体ゲノムであるので，種子による移入と同様の効果を得るのに，2倍数の移入が必要である．

(13) 式を変形すると，

$$N_e m = \frac{1 - F_{ST}}{4 F_{ST}} \qquad (14)$$

となる．この式は，遺伝的浮動や自然選択による集団の遺伝的分化と，他集団からの移入による遺伝的な均質化の作用が互いに拮抗して平衡状態にあれば，F_{ST} から世代あたりの移入数を間接的に推定できることを示している．ただし，図 1.6 からも明らかなように，F_{ST} 値が 0.1 よりも小さな範囲では，わずかな値の違いが非常に大きな移入個体数の違いとなるため，実際の野生集団における移入数の推定にはほとんど役に立たないとの見解もある（Whitlock & McCauley 1999）．

第I部
遺伝子の多様性

第2章 遺伝的多様性の保全と機能

2.1 保全ユニット

　「絶滅危惧種」という用語は，生物保全上の単位が種であることを示しているが，種は均質な個体や均質な集団の集合体ではない．種の多くは，遺伝的にも生態的にも明瞭に区分できる種内の下部集団から構成されている．複数の亜種が一つの種を構成することもあるし，またそこまで分化していなくても，種を構成する複数の集団は，多くの場合，それぞれが経てきた進化や適応の歴史を反映し，特徴ある遺伝的・生態的性質を保持している．ある種の保全を考える場合，すべての個体や集団を保全できればよいが，それは実際的でない．それでは種を構成する実体をどのように認識し，保全すればよいのだろうか．また，そのような実体を認識・識別するうえで，遺伝的多様性や特徴はどう活用できるのだろうか．

　ある基準に適合する種内の「集団」を認識することは，集団の動態把握，遺伝子流動の測定，保全のための適切な移植・移住計画など，生物の保全と管理に重要である．種を構成する個体をいくつかのグループに分け，それぞれを個別の実体として個別の管理・保全を行うのが保全ユニットの考え方である．これまでに，いろいろな考え方に基づく保全ユニットが提唱されているが，完全に受け入れられている決定版といえるものはない．ある局所集団が他の集団と比べてどれほど遺伝的にユニークであるのか，個別に保全する必要があるのか，といった疑問に適切な指針を与えるような保全ユニットの定義に関しては，未だ多くの検討が必要な状態である．この状況は，保全ユニットの集合体である「種」の定義自体が未だに議論の対象となっていることを考えれば，当然といえるかもしれない．

　種内に存在する下部構造を認識する方法には大きく分けて，集団ベースと個体

ベースの，2つのアプローチがある．

(1) 集団ベースのアプローチ

集団ベースのアプローチでは，まず分布地域の違いや表現型の違いなど，何らかの基準で集団を認識するが，この過程で主観が入り込まざるをえないのが欠点といえる．何らかの方法で集団が決定されれば，集団間の遺伝的分化の程度や遺伝的距離は，複数の遺伝子座における対立遺伝子頻度を用いて F_{ST}，R_{ST}，Nei の D などの尺度により評価できる．

次に集団間の遺伝的距離や分化の程度に基づき，デンドログラムや多変量解析により，それらを同一集団として扱うべきか否かを解析する．デンドログラムによる集団間の関係は，類似した集団を非加重結合法（UPGMA：unweighted pair group method with arithmetic mean）や近隣結合法（NJ：neighbour joining）などのアルゴリズムによってクラスタリングする．こうして得られたデンドログラムは系統樹と見かけは似ているが，異なった情報に基づいている点に注意すべきである．すなわち系統樹は分類群の共通祖先からの進化的時間や遺伝的な隔たりを指しているのに対し，集団間のデンドログラムの枝の長さは，集団間の遺伝子流動の起こりにくさと対応しており，対立遺伝子頻度の類似性により集団がクラスタリングされている．

複数集団の複数遺伝子座における対立遺伝子頻度のデータセットは多次元である．デンドログラムは分岐という方法でサンプル間の関係を表示するため，表現される集団間の関係は実際よりも簡素化したものになりやすい．より複雑なグルーピングを表現するためには，デンドログラムのほかに，主成分分析（PCA：principal component analysis），主座標分析（PCoA：principal coordinates analysis），（FCA：frequency correspondence analysis），多次元尺度構成法（MDS：multidimensional scaling）など，多次元表示による方法も用いられている．

(2) 個体ベースのアプローチ

集団ベースのアプローチでは，あらかじめ集団を規定する必要があり，その過程で主観が入る余地がある．たとえば，複数の繁殖場所から一つの越冬地に集まってきた鳥類などは，ある時点で同一場所にいても由来は異なっていることが考

えられる．このような場所で試料採集を行い，一つの集団として扱うと，種を構成する下部集団の認識がきわめて不正確なものとなる．

　このような問題を回避できるのが個体ベースのアプローチである．この方法では，あらかじめ集団を認識することを行わず，個体の遺伝子型に基づいて遺伝的に類似した個体をまとめることで集団を規定する．単純な個体ベースのアプローチでは，個体単位で得られた遺伝子型のデータを用い，集団ベースの場合と同様に，デンドログラム表示や多変量解析表示を行う．遺伝的に類似した集団は，デンドログラムや多変量解析のプロットの中で同一のクラスターとして認識できる．

　個体ベースのアプローチで最近よく用いられているのが Pritchard et al.（2000）の *STRUCTURE* である．ハーディ・ワインベルグの法則が成立している状態をハーディ・ワインベルグ平衡にあるというが，*STRUCTURE* ではサンプルセットがハーディ・ワインベルグ平衡にある k 個の集団に由来すると仮定する．個体の遺伝子型をもとに，ハーディ・ワインベルグ平衡からのずれが最小になるように k 個の集団をシミュレーションで推定し，各々の個体を遺伝的類似性に基づいて，推定された k 個の集団にふり分ける．中間的な遺伝的性質をもつ個体は，遺伝的類似性に基づいた割合で複数の推定集団に割り当てられる．

　個体ベースのアプローチは，外部から混入している異質な個体を検出できるほか，空間的に連続分布している集団が遺伝的には複数の集団から構成されている場合のように，外見からは認識できない隠れた集団の識別に威力を発揮する．

(3) 保全単位

　保全を行うにあたって，一つの種に属する個体の識別や，種を構成する下部ユニットを的確に認識することは，管理指針の設定，個体群動態のモニタリング，分類群や生育地の保護のための法的整備などを適切かつ効率的に行うために必要不可欠である．保全単位を適切に認識するためには，遺伝的分化や遺伝子流動の多寡に加え，個々の単位が示す生活史，生育環境，表現型，行動などの特徴も考慮すべきである．個々の集団が多くの評価項目において独自の特徴を示せば，各集団を個別に保全する価値は，より高いといえる．種を構成する下位の保全単位としては，**ESU**（evolutionary significant unit, evolutionarily significant unit とすることもある：進化的に重要な単位）と **MU**（management unit：管理単位）が用いられることが多い（図 2.1）．

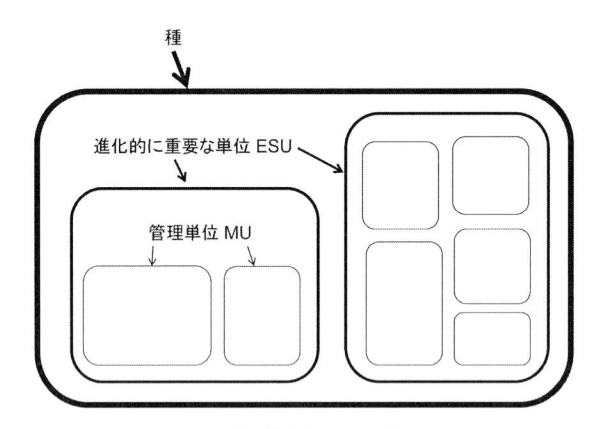

図 2.1 種を構成する ESU と MU.

(4) 進化的に重要な単位 ESU

遺伝的にも生態的にも明瞭に区分できる種内の下部集団が ESU である．ESU を適切に認識することで，保全上の優先度や集団ごとの個別管理を合理的に行うことができる．

ESU の重要性を提唱したのは Ryder（1986）である．絶滅危惧種であるトラには 5 亜種が現存している．動物園で生育域外保全が試みられているが，動物園のスペースには制約があるために，5 亜種すべてについて持続可能な集団とするに足る頭数を飼育することは困難である．この場合，種を構成する下部ユニットをどのように認識・識別し，どのように飼育個体を選択すべきだろうか．亜種によっては構成個体数が少ないことによる近交弱勢の弊害を避けるため，あえて異なったユニット間で交配を行わざるを得ないかもしれない．こうした状況を契機に，保全単位を識別するための枠組みとして ESU が採用されるようになったが，その定義に関しては，いくつかの基準が提唱されており，いまだに単一のものが認められる状態にはなっていない．

ESU の認識・識別に関して，明確な枠組みを最初に考察したのが Waples（1991）であり，ESU が備えるべき性質として，互いに生殖隔離しており，独自の適応様式をもつことをあげた．

一方，Moritz（1994）は ESU の基準として，現在の適応様式よりは歴史的に形成されてきた集団の構造，すなわち系統をより重視すべきと考えた．Moritz（1994）の定義では，個々の EUS は組換えの起こらないオルガネラ DNA の系統

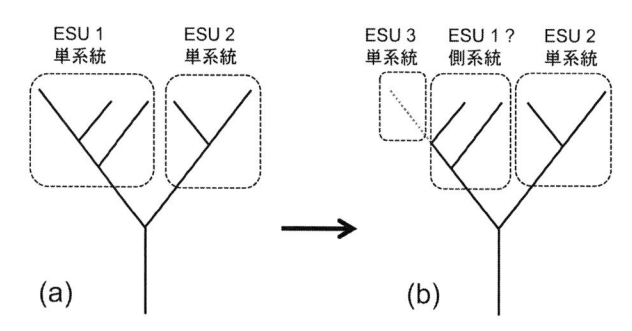

図 2.2 ESU の認識と系統関係.（a）互いに単系統である ESU 1 と ESU 2.（b）ESU 1 の一部で顕著な適応的変化が生じ，これを ESU3 とすると，ESU 1 の残りの部分は側系統となり，適応的にユニークな性質を保持していても Moritz (1994) の定義では ESU として認められなくなる.

樹上では相互に単系統となり，また，核ゲノム上では対立遺伝子頻度に著しい差異を示す．Moritz (1994) の定義には，サンプル間の系統関係が明らかになれば，客観的かつ迅速に ESU を決定できるという利点がある．多くの分類群が絶滅に瀕しているなか，そのような分類群を対象にした保全活動において迅速に ESU を決定することは重要である．最近はさまざまな遺伝マーカーを用いて遺伝情報を容易に入手できるため，この基準による ESU の認識は実践的である．

Moritz (1994) の ESU にはこのような利点もあるが，集団間の適応的差異を考慮に入れていないことは欠点といえる (Crandall et al. 2000)．たとえば，図 2.2a に示した ESU 1 のように単系統としてまとまっていたグループの一部で適応的な進化が起こり，表現型に特徴のある 2 つのグループに分化したとする（図 2.2b）．新たな適応進化が発生する場合，このようなケースは一般的と考えられるが，図 2.2 の ESU 1 の場合，図 2.2b において新たに ESU 3 が認識された段階で ESU 1 の残りの部分は側系統となる．そのため Moritz (1994) の定義では，これを ESU として認められず，保全対象を明瞭には決定できない状況に陥ってしまう．また，オルガネラゲノムは組替えがなく，全体が 1 個の遺伝子のようにふるまうため，その情報のみに基づく系統解析は，必ずしも集団の歴史を正確に反映したものではないことにも注意を要する．

Crandall et al. (2000) は，遺伝的・系統的な特徴のみに重点を置いて ESU を認識することで生じうる問題に対処するため，集団の生態的特徴を考慮に入れた交換可能性（exchangeability）という考え方を用いて ESU を定義した．生態的な交換可能性とは，個体が集団間を移動しても，移動前と同様の生態的ニッチを

占め，同様の方法で適応・生育できるというものである．

　この定義の優れている点は，個体レベルの移植実験などにより，所属する ESU の同一性を検証可能であることにある．しかし，実際の絶滅危惧種を対象とした検証では，移植実験が必ずしも容易に行えるわけではない．

　このように ESU には複数の定義があるが，現在のところ遺伝子交流の制限と適応的な分化を，複数のタイプのデータ（遺伝，系統，形態，行動，生活史，分布など）で解析し，ESU を認識するのが一般的になりつつある．より長期間にわたって遺伝子交流が制約され，また生育環境が異なっているほど，それぞれの集団は異なったユニットとして認識でき，個別に保全する価値が高まる．解析した遺伝子座で遺伝的差異がなくとも，あるいは形態上の差異が認められなくても，集団間で適応的な違いは存在しうる．したがって，ESU の認識に際しては，単に遺伝情報のみ，あるいは，形態情報のみに基づくものであってはならない．可能な限り多くの基準に照らして集団間の違いを評価し，適切な ESU を設定することが重要である．

(5)　管理単位 MU

　種は 1 個以上の ESU から構成され，ESU は 1 個以上の MU から構成される（図 2.1，Allendorf & Luikart 2007）．MU は，遺伝的には対立遺伝子頻度の違いで他の集団と区別でき，生態的には「外部からの移入に影響されず，集団を構成する個体の出生と死亡により個体群動態が決定される集団」として定義される．したがって MU は，水域ごとに漁獲区域を設定し，そのなかで集団サイズの動態をモニターしながら漁獲量を設定する漁業におけるストック（stock）の概念に近い（Moritz 1994）．また，歴史的な集団構造や系統によって規定される ESU とは異なり，長期間にわたる独自の進化や適応がない集団でも独自の MU となりうる．MU は集団のモニタリングや個体群動態の解析対象とすべきものであり，それぞれの MU を保全することが ESU や種の適切な保全につながる．

　野生生物を対象に実際に MU を設定することは，ESU と同様に必ずしも簡単ではない．設定する MU の数があまりに少ないと保全すべき集団を見逃すこととなり，地域集団の衰退や消失につながる．逆に多すぎると，保全のために使用できる限られた資源（資金，労力など）を浪費することにつながる．MU や ESU を客観的かつ適切に認識する方法に関しては，さらに研究や検討が必要である．

2.2 遺伝的多様性と集団の存続性

　集団のサイズと遺伝的多様性や個体の適応度との関係は，生物の生態，進化，そして保全を実践するうえで明らかにすべき重要な項目である．小集団においては，①近交弱勢，②遺伝的多様性の喪失，③突然変異の蓄積といった複数の遺伝的要因が絶滅のリスクを上昇させる（Frankham 2005）．すなわち，集団サイズが小さくなることにより，次の３タイプの問題が生じる．①遺伝的浮動やボトルネックにより遺伝的多様性が低下し，短期的には近親交配とそれに伴う近交弱勢の弊害が増加し，集団レベルでの繁殖適応度を低下させる．②環境変化は，現在懸念されている地球温暖化だけでなく，突発的に発生する病原体や移入種，捕食者，環境変動，分布変遷など多様であるが，環境変化に適応する進化的ポテンシャルを失うことによって，集団の絶滅リスクが上昇する．③集団サイズが小さくなると，自然選択よりも遺伝的浮動の作用が大きくなるので，有害遺伝子が集団内に蓄積されやすくなり，負の遺伝的効果を次第に顕在化させる．

　種のもつ遺伝的性質と集団の存続可能性の関係については，さまざまな議論があった．生物の絶滅は，遺伝的要因だけでなく，生育地の消失，乱獲，汚染，外来種，人口動態，環境変動，カタストロフィーなど多くの要因に影響を受ける．これらの要因と比べて，種内の遺伝的多様性は集団の存続性にとって，どの程度の重要性をもつのだろうか．

　Lande（1988）は，絶滅危惧種のように急速に個体数が減少している場合には，遺伝的要因がインパクトを加える前に集団や種は消滅や絶滅に至るので，絶滅危惧種においては遺伝的要因よりも人口統計学的要因の方が重要な意味をもっているとした．Lande（1988）の論文は，集団の存続可能性に遺伝的多様性がもつ意味について，その後しばらく続く議論をもたらしたが，最近では，多様な分類群を対象にした個別研究やメタ解析（過去の多数の研究データを統合して行う解析）の結果，遺伝的多様性の保全が集団の存続可能性に大きな意味をもつことが明らかになりつつある．

(1) 遺伝的多様性と絶滅危惧レベル

　もし絶滅危惧種が遺伝的要因にかかわらず絶滅してしまうのであれば，絶滅危

惧種と，その近縁種であるが絶滅が危惧されていない種間では，遺伝的多様性に差は認められないはずである．逆に遺伝的要因が絶滅に関わっているのならば，両者間に遺伝的多様性の差異が存在するに違いない．Spielman et al.（2004）はこの作業仮説に基づいて，絶滅危惧種と普通種のペアを近縁種間で170組設定し，遺伝的多様性（ヘテロ接合度）の差異に関するメタ解析を行った．その結果，77％の組み合わせにおいて，ヘテロ接合度は絶滅危惧種の方が普通種に比べて低いことが示された．

(2) 遺伝的多様性と適応度

Leimu et al.（2006）は，1987年から2005年までに出版された論文から72種の植物を選び出し，集団サイズ，遺伝的多様性，適応度の関係についてメタ解析を行った．その結果，集団サイズ，遺伝的多様性，適応度には，統計的に有意な正の相関が認められた．これは，集団サイズの縮小や生育地の断片化が植物の適応度や遺伝的多様性を低下させることが普遍的に起こっていることを示している．また植物だけでなく，多様な生物を対象とした別のメタ解析においても，集団の遺伝的多様性と適応度には有意な正の相関があり（相関係数：0.4323），適応度の変動の19％が遺伝的多様性で説明できることが報告されている（Reed & Frankham 2003）．

(3) 近交弱勢の影響

近親交配すると生存率，生長量，繁殖能力などが低下するという近交弱勢は古くから知られている．たとえば，ダーウィンは多くの植物を人工的に自家受粉させることで近交弱勢を定量的に評価した（Darwin 1876）．多くの生物種において近親交配が近交弱勢をもたらし，適応度や繁殖能力を低下させることは知られてきたが，問題はこの現象が野外に生育する生物，特に保全を必要とするような集団にも当てはまるかどうかである．

これまでの研究によれば，個体数の少ない集団でも近交弱勢の影響を受けずに維持されているものも報告されているが，それらはむしろ例外と考えるべきであり，多くの例では小さな集団は適応度が低下している（Frankham 2005）．たとえば，ニュージーランド産の鳥類を対象としたメタ解析では，ボトルネックを経験した種では，明らかに孵化に失敗する割合が高くなっていた（Briskie &

Mackintosh 2004).また絶滅が危惧されている鳥類とほ乳類では,自然界で一般に存在するレベルの近交弱勢でも,絶滅リスクが大きく上昇することが指摘されている (O'Grady et al. 2006).

　カリスマ的な魅力をもつ希少生物は,新たな生育地への集団導入がしばしば図られるが,その過程において遺伝的多様性に関する配慮がなされておらず,問題が生じることもある.オーストラリア南東部ではコアラの導入が繰り返し行われてきたが,ごく少数の創始者によって新たな集団を形成することを繰り返してきたために,導入集団の遺伝的多様性は著しく低下している.これらの場所では,集団ごとの近交係数と睾丸形成不全の割合には明瞭な正の相関が認められ,近交弱勢の弊害が現れている (Seymour et al. 2001).

(4)　異系交配による近交弱勢からの回復

　近交弱勢によって集団の健全性が損なわれている絶滅危惧種でも,異系交配を行えば,その弊害を取り除くことができることがある.

　個体数が著しく減少したフロリダパンサー (*Puma concolor coryi*) では遺伝的多様性が低下した結果,新たに出生してきた子供の9割程度で劣性有害遺伝子が発現しており,ねじれた尾や,逆毛などの異常な形態を示していた.劣性有害遺伝子の発現を回避し,集団の適応度を上げるために,テキサスの亜種 (*Puma concolor stanleyana*) をこの集団に導入したところ,テキサス産とフロリダ産パンサーの間に生まれたF1やF2では異常な形態を示す割合が激減した (Hedrick 1995, 2001).異なる集団を導入し,交配させることには,ESU保全の観点から慎重に検討すべき点はあるが,パンサーの事例は,すでに現存する集団内で遺伝的多様性が失われ,集団の健全性を保つことができない生物に対する最後の手段として,外部からの遺伝的多様性の導入がきわめて有効であったというものである.

　イリノイ州南東部におけるソウゲンライチョウは30年間に2000羽から50羽にまで個体数が減少し,それとともに遺伝的多様性と適応度が低下した.当初は生育地を改善することで個体数の増加が図られたが,卵の孵化率が低下し,結局は個体数の減少をくい止めることはできなかった.そこで1992年から1996年にかけて,個体数が多く遺伝的多様性が保たれている他の集団から271羽のソウゲンライチョウが導入された.その結果,孵化率は著しく向上した (Westemeier et al. 1998).この例では,生育地と遺伝的多様性の双方における改善により,集団

の健全性が回復したのである．

2.3　種内の遺伝的多様性と生態的プロセス

　種内に保持されている遺伝的多様性の量は，群集や生態系といった，より上位レベルの現象にどのような影響を及ぼすのだろうか．生物多様性の生態的意義に関しては，種数の多いシステムは，環境の撹乱や外部からの侵入に対する抵抗性が高いことが示されている（第5章参照）．

　これに対し，種内の遺伝的多様性が生態系レベルの現象に及ぼす影響に関する研究は相対的に遅れていたが，2000年以降，種内の遺伝的多様性が群集構造や生態系プロセスなどに与える影響についての報告が増えている．個体レベルの遺伝子型が個体の表現型として発現するように，集団レベルの遺伝的性質が他種や環境との相互作用を通して，群集，生態系といったより高次のレベルにおいて「表現型」を発現するような現象が知られるようになってきた．個体レベルの表現型に対応する用語として，群集や生態系の表現型（community and ecosystem phenotype）が用いられ，個体レベルの表現型に対する解析と同様に，集団遺伝学や量的遺伝学のアプローチによる群集や生態系レベルでの「表現型」の解析が行われている（Whitham et al. 2006）．

(1)　バイオマス，種多様性

　植物個体の遺伝子型は植物体の構造やフェノロジーと関連しているだけでなく，節足動物の多様性，成長速度，バイオマスといった群集レベルの表現型にも影響を与える（Johnson & Agrawal 2005, Johnson 2008）．さらに，植物種内の遺伝的多様性が，生態系を構成する種多様性やバイオマスに影響を及ぼす例も報告されている．たとえば，セイタカアワダチソウでは，群落を構成するクローン数が増加するほどに，すなわち，種内の遺伝的多様性が大きいほど，群落の生産性や，そこに生息する節足動物の多様性（Crustsinger et al. 2006），さらに訪花昆虫の数が増加することが報告されている（Genung et al. 2010）．

(2) 撹乱や病原体等に対する耐性

　種内の遺伝的多様性は，撹乱に対する集団の耐性を高めることも知られている．海に生育する種子植物アマモの群落では，種内の遺伝的多様性が高いほど，コクガンの食害による撹乱に対して耐性が高く（Hughes & Stachowicz 2004），また，遺伝的多様性が高い集団ほど，異常高温にさらされた後のバイオマス生産，植物体の密度，動物の種数の回復が良好であった（Reusch et al. 2005）．また，遺伝子型の多様性を操作したメマツヨイグサの群落では，遺伝的多様性の高いパッチでハタネズミの食害が少なく，生存率や繁殖率が高かった（Parker et al. 2010）．同様に，実験的に作成されたセイタカアワダチソウの群落では，遺伝的多様性が高いほど，他種の植物の侵入が少なかった（Crustsinger et al. 2008）．

　遺伝的多様性が病害虫に対して及ぼす影響については，農地においても研究が進んでいる．たとえば，稲作では遺伝的に多様な組成の水田では，単一の品種の水田に比べて，いもち病の発生が著しく少なく収量も多かった．そのため，殺菌剤の散布も不要になったという（Zhu et al. 2000）．病原体は感受性のある特定の遺伝子型をもった個体に感染し，集団内に広がってゆくので，遺伝的に多様な個体からなる農地では，病原体の拡散速度が減少する．実際，うどんこ病やさび病の蔓延を制御するのに，遺伝的に異なる個体の混植が効果的であることが知られている（Mundt 2002）．作物種内の遺伝的多様性によって病害を防除することは，生産性の向上に加え，農薬の使用量が少なくなるので，生態系への負荷を軽減することができ，送粉者や土壌微生物の群集をより健全な状態で維持できる可能性がある．ただし，農地において遺伝的多様性を病害虫防除に効率的に活用するためには，遺伝的多様性の程度，作物の植栽密度と配置パターンなどについて最適化を図る必要がある（Hajjar et al. 2008）．

(3) 物 質 循 環

　植物の遺伝子型は，生態系レベルの分解や栄養循環にも影響することがナラ，フトモモ，ポプラなどの樹木で報告されている．

　植物の生産するポリフェノールは，土壌微生物によるリターの分解プロセスに大きな影響を与える．たとえば，リターのタンニン含量は個体変異が大きく，リターから供給されるタンニン量によって，土壌中における窒素の無機化速度の変動の 55〜65％が説明できる（Schweitzer et al. 2004）．

コナラ属を対象にした研究によると，同一樹種に由来するリターでも，その質が異なっているほど，土壌中の炭素や窒素含量が増加し，土壌呼吸も活発になった（Madritch & Hunter 2003）．これは，より多様なリターが微生物に対して多様な代謝経路に必要な基質を提供し，その結果，土壌呼吸が活性化されたものと考えられている．

このように，種内の遺伝的多様性がもたらす影響については，多くの事例が報告されてきているが，そのメカニズムは不明なものが少なくない．いくつかの報告では，種内の遺伝的多様性が群集や生態系といった上位レベルのシステムの安定性をもたらしたのは，特定の遺伝子型が選択されたことによるサンプリング効果（第5章参照）ではなく，撹乱や温度変化など，変動する環境に対する異なった遺伝子型の相補性によって説明できると考えられている（Hughes & Stachowicz 2004, Reusch et al. 2005）．また，全ゲノムシーケンスに加えて，**QTL**（quantitative trait locus：量的形質遺伝子座）や生態系プロセスに関わる情報の蓄積があり，生態系で大きなバイオマスを保持するポプラのような種は，遺伝子から生態系まで連続的に解析が行える理想的な実験系であり，遺伝子座ごとの機能にまで踏み込んだ活発な解析がすすめられている（Whitham et al. 2006）．

地球温暖化などの人為インパクトによって生じる将来の環境変動は，その予想が難しく不確実性が高い．こうした状況下において生態系のレジリエンスを高めるためには，種の多様性とともに，種内の遺伝的多様性の保持が重要であることをここに紹介した研究は示している．

2.4 遺伝的多様性解析の新たなアプローチ

本章では，ここまで主に特定あるいは少数の種内に保持されている遺伝的多様性について述べてきた．一方，**次世代シーケンサー**（next generation sequencer）に代表されるように，DNA塩基配列解読技術は著しく進展しており，それに伴う新たなアプローチによる遺伝的多様性の解析が行われるようになった．本章の最後に，そのようなアプローチのいくつかを簡単に紹介する．

21世紀の初めにヒトのゲノムを構成するDNAの全塩基配列が解読されたが，

現在では微生物まで入れると1000種以上の生物について全ゲノムが解読されている．DNA塩基配列解読法はさらに発展しつつあり，脊椎動物や昆虫など，特定の分類群を対象にして数千種や一万を超える種の全ゲノムを解読することや，同一種内で複数個体について全ゲノムを解読することも行われている．

(1) メタゲノム解析

環境中には未だ記載されていない多くの生物種や，認識されていない遺伝的変異が保持されている．たとえば，地球上に存在するすべての生物は3つの超生物界（domain）に分けることができるが，そのうちの3分の2は真正細菌と古細菌からなり，私たち人間の属する真核生物は地上の生物が保持する遺伝的多様性の3分の1を占めているに過ぎない．真正細菌と古細菌は単細胞生物であるが，真核生物の大部分も，いわゆる原生生物と呼ばれる単細胞生物である．これら単細胞生物は，多細胞生物にくらべると形態的な特徴に乏しいが，遺伝的多様性は著しく大きい．たとえば，ヒトが含まれる脊椎動物や，多様な無脊椎動物も含めた「動物」は，地球上の全生物多様性の中では小さな枝に過ぎない（図2.3）．陸上で光合成を行っている，いわゆる「植物」についても同様である．

メタゲノム解析（metagenome analysis, metagenomic analysis）は，まだ実態のよくわかっていない単細胞生物などが保持する圧倒的な生物多様性を解析する

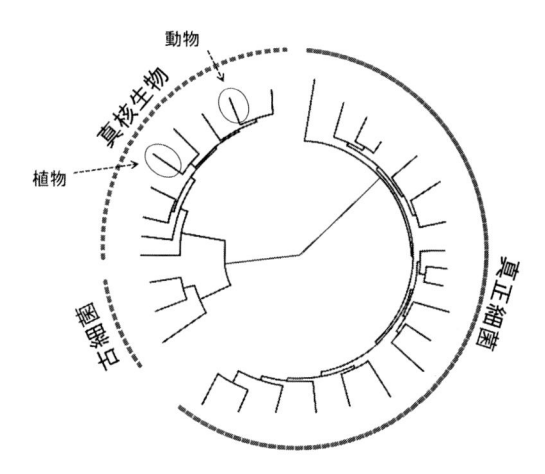

図2.3 現存する生物の系統関係．現存する生物は真核生物，真正細菌，古細菌の3つの超生物界に分かれる．多細胞生物でサイズが大きく形態の変化に富む動・植物は現存する生物多様性のごく一部を占めているに過ぎない．

手法の一つである．メタゲノム解析では，海中，土壌中，動物の腸内，火口などの環境中に生育する多様な生物のゲノムを一括して解析する．微生物の生理的特徴やコロニーの形態をもとに分類学的な知見を得るには，培養して量を増やすことが必須であったが，環境中のほとんどの微生物は培養条件が明らかになっていない．これが微生物の多様性の実体解明を遅らせてきた原因の一つであるが，メタゲノム解析では培養の必要はなく，環境から得たサンプルから抽出した雑多なDNA中の遺伝子座をPCRによって増幅し，その多様性を解析する．

初期のメタゲノム解析では，多様な生物が共通して保持している単一の遺伝子座，たとえばリボゾームRNAの配列をコードしている遺伝子座などを増幅して，その配列の多様性から環境に含まれる生物の多様性を解析していた．その結果，未知の多くの塩基配列が発見され，我々が知っている生物多様性がごく一部に過ぎないことが改めて明らかになった．

短期間のうちに大量の塩基配列情報を解読できる次世代シーケンサーが一般的に用いられるようになり，複数の遺伝子座を一括してメタゲノム解析するも可能になった．メタゲノム解析の意義は，単に新種を見いだすことにとどまらない．新たな遺伝子や，ユニークな代謝経路など，進化の結果，生まれた遺伝的多様性を多種多様な生態系内で見いだすという意義もある．このようなアプローチは，物質生産・循環，共生関係，相互依存関係，環境応答など，生態系の特徴や機能を遺伝子レベルで明らかにしようとするものであり，遺伝的多様性の重要性について新たな理解が得られることが期待される．

また，人体のさまざまな場所に生育する微生物の組成や変化，個人差をメタゲノム解析で比較することで，ヒトの健康状態と微生物の関係を明らかにしようとする研究も行われている．

(2) 次世代シーケンサーを活用した遺伝的多様性の探索と生態研究への活用

次世代シーケンサーによって，非モデル生物であっても，大量の塩基配列データが得られるようになった．この状況は，当然のことながら遺伝的多様性や生態研究にも大きなインパクトを与えつつある．

わかりやすい例の一つが，適応に関与する遺伝子座を，次世代シーケンサーがもたらす大量の塩基配列データを元に，力業で特定することである．生物の進化には，個体レベルの変異，選択，遺伝という3つの要素が必要であるが，次世

シーケンサーで個体間変異をゲノムレベルで解読し，それを個体が適応していると考えられる環境条件と結びつけて解析することで，選択に関わった変異や遺伝子座を推定する研究も行われている．たとえば，同一種内における適応進化の地域間変異を知りたいときには，異なった地域から採集したサンプルのDNAを混合し，次世代シーケンサーを用いて塩基配列を一気に解読する．これにより，相同な塩基配列であるが，その一部の塩基配列に差異を含んでいる部位を検出できる．全ゲノム情報が解読されている種，あるいは近縁種で解読されている種であれば，そのような配列の機能を参照・解析するとともに，対立遺伝子の頻度と環境条件や表現型形質の対応を詳細に調べることで，遺伝的変異と局所環境適応，あるいは遺伝的変異と表現型形質の関係について遺伝的基盤を知ることができる．

　シロイヌナズナ（*Arabidopsis thaliana*）は，被子植物として最初に全ゲノム塩基配列が解読され，大量のゲノム情報が蓄積されている．Turner et al.（2010）は，その近縁種ミヤマハタザオ（*Arabidopsis lyrata*）を対象に，異なった土壌条件に生育する複数個体から抽出した混合DNAを次世代シーケンサーで解読し，種内個体間で遺伝的変異が存在する塩基座位（多型サイト）を多数見いだした．これらの多型サイトを近縁種のシロイヌナズナのゲノム情報と照合し，また異なった土壌に生育する集団間における各変異の出現頻度や遺伝的分化をF_{ST}値で解析することで，蛇紋岩土壌への適応に関わった遺伝子座の機能を解析している．その結果，蛇紋岩土壌への適応に際して，重金属の解毒やカルシウムとマグネシウムの輸送に関わる遺伝子座で自然選択が起こったことを推測している．

　また，集団内や集団間に保持されている遺伝的変異は，集団の歴史や進化を推定するうえでも重要な情報となる．有効集団サイズとその変動履歴，遺伝子流動，自然選択，系統などを推定するために多くの集団遺伝学的モデルが提唱されているが，遺伝子座は個別に選択の影響を受けるので，少数の遺伝子座からの情報だけでは，集団の歴史や系統地理，種の進化に関わる解析の精度や信頼性は低いものとなる．より正確で信頼性の高いパラメーター推定のためには，より多くの遺伝子座からの情報が必要となるが，野生生物では多数の遺伝子座を解析することは困難であった．しかし，次世代シーケンサーの登場により，こうした制約も克服されつつある．

　塩基配列情報が存在する遺伝子座やゲノムを再度解読し，比較解析するのが**リシーケンシング**（re-sequencing）である．リシーケンシングを行うことで，さま

ざまな環境に対する適応や表現型の個体間差異をもたらす遺伝的基盤を網羅的に解析することなどが可能になる．野生生物では，解析対象種はもちろん，近縁種においてもゲノム情報が利用できないことが多く，そのような場合にはまったく新たに塩基配列データを得る**デノボシーケンシング**（de novo sequencing）を行う必要がある．デノボシーケンシングを行う場合でも，次世代 DNA シーケンサーを用いることで，数百〜数千の変異サイトを得ることができ，ゲノムレベルの解析が可能である（Gompert et al. 2010）．集団遺伝学では，集団ごとの対立遺伝子頻度の空間的・時間的変化が解析されるが，次世代シーケンサーを用いることで，多数の個体を対象にゲノムレベルで解析を行うことも可能になってきた．比較的少数の遺伝子座を対象に解析をしてきた集団遺伝学に対して，集団をゲノムレベルで解析する**集団ゲノム学**（population genomics）という用語も用いられるようになった．

　次世代シーケンサーで解析されるのは DNA 塩基配列だけではない．生体内に存在している RNA を一括して解析することで，刻一刻と発現している遺伝子の種類と発現量や個体レベルにおける変異などの解析が，モデル生物，非モデル生物を問わず行われるようになってきた．次世代シーケンサーによる遺伝的変異の網羅的検出は，今後の多様性研究や進化生態研究に，想像を超えるようなブレークスルーをもたらすものであろう．

第II部
種の多様性

第 II 部
種の多様性

第 3 章　種の創出機構

　地球上には少なくとも 150 万〜175 万種の生物が生息している（Cracraft 2002）．いったい何がこのおびただしい数の「種」の多様性をつくりだしたのか？それは他ならぬ偶然と必然のプロセス，すなわち遺伝的浮動，突然変異，そして自然選択であるが，ではこれらの要素が「種」を作り出すメカニズムとはいったいどのようなものなのか？

3.1　種とは何か

(1) 生物学的種概念

　種という観念自体はその起源を中世以前にまで遡る古いものであるが，種を明瞭に定義したのは 18 世紀の Carl von Linné である．しかし Linné やその同時代の多くの生物学者にとって，種は神の手で創造された生物の不変の単位であり，もちろんこれは現代的な進化の考えとは相いれないものであった．種とは何か，という問題は進化生物学の成立以降，繰り返しさまざまな形で議論されてきた．そのなかで，Dobzhansky や Mayr らによって確立された「生物学的種概念」が，種の実体や判断基準を表すものとして，特に動物学者の間でもっとも広い支持を集めるようになった．生物学的種概念では，種を「実際にメンバー間で交配が行われているかまたは交配可能な自然集団のグループで，他の同様なグループと生殖できないことにより隔離（生殖的隔離）されているもの」（Mayr 1963）と定義する．

(2) 種概念の問題

しかし種の概念をめぐる問題は，生物学的種概念によってすべて解決するわけではない．たとえば生物学的種概念は同時代に存在する集団にしか適用できず，時代の異なる化石生物に適用してはならない（ただし，異なる時代の生物にも適用できるように生物学的種概念を変形させた種概念もある）．また無性的に繁殖する生物にも適用できない．稔性のある雑種が頻繁にできる植物でも適用できないケースが多い．しかしその最大の問題は，種を分類，記録して多様性の指標としたり，種を用いて進化の歴史を推定したりするうえで実用上の問題がある点である．第一に，分類の判断基準として用いるうえで困難な点が多い．たとえば生物学的種概念は，形態的な区別が困難だが，生殖的に他のグループと隔離されている**同胞種**（sibling species）を区別できるという利点があるが，実際には分類学者は形態形質に基づいて種を定義し記載しているので，その面での実用性に欠けている．生殖的隔離の有無を反映するとみなせる形質の違いが常に存在するわけではなく，むしろ形態形質から明確に生殖的隔離の有無を判断できるケースの方がまれなのである．こうした理由から，形態的，遺伝的に多少の違いのある複数の異所的集団が存在する場合，それらが別種なのかそれとも同一種の地理的変異に

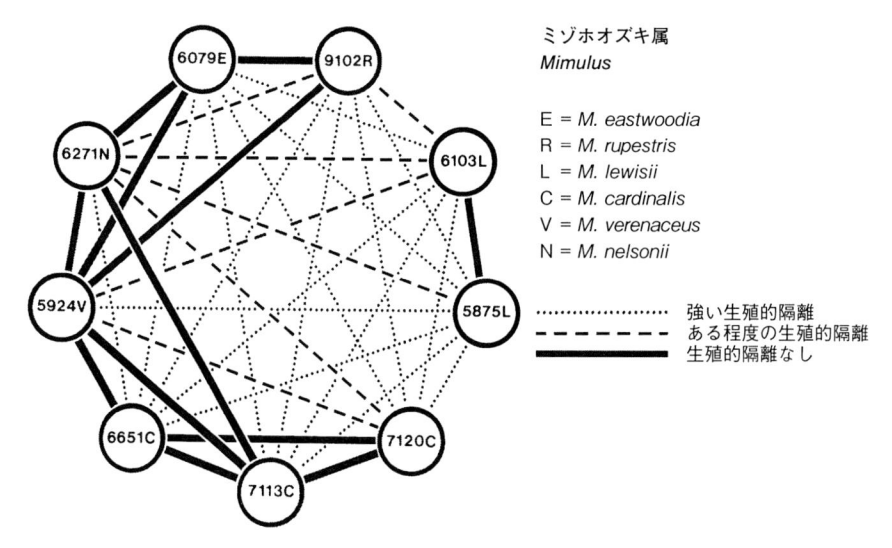

図 3.1 ミゾホオズキ属の集団間の生殖的隔離の強さ．分類学的種と生殖的隔離の強さは必ずしも一致しない．Vickery & Wullstein（1987）より引用．

過ぎないのか判断できないことが多い．また，隔離が不完全な中間的な状態がさまざまな形で存在していることがあるので，それをどこで区切って別種とするかは，ある程度恣意的にならざるを得ない（図3.1）．

第二の問題は，この概念では，まったく異質な進化の歴史をもつ遺伝子または集団の系統が，一つの生物学的種に含まれてしまうことである．系統の違いはある程度，遺伝的な性質の不連続性と対応するが，その不連続性が生殖的隔離の有無と必ずしも対応するわけではない．たとえば，生殖的隔離が比較的短期間に進化する場合には，生殖的に隔離された別の集団（別種）の方が，地理的には隔離されているもののまだ生殖的には隔離されていない別の地域集団（同種）より，系統的に近縁であるということが起こりうる（図3.2：たとえば北米と日本の集団）．このように一つの生物学的種が他の生物学的種と異なる系統の集団で構成されているとは限らないため，生物学的種概念のもとで種を単位として進化過程をとらえようとすると，誤った歴史を推定してしまう．そのため種の単系統性を重視する立場の研究者との間で，多くの論争が戦わされた．特に近年広く進められているDNAバーコーディング（特定の領域のDNA断片の塩基配列をもとに種

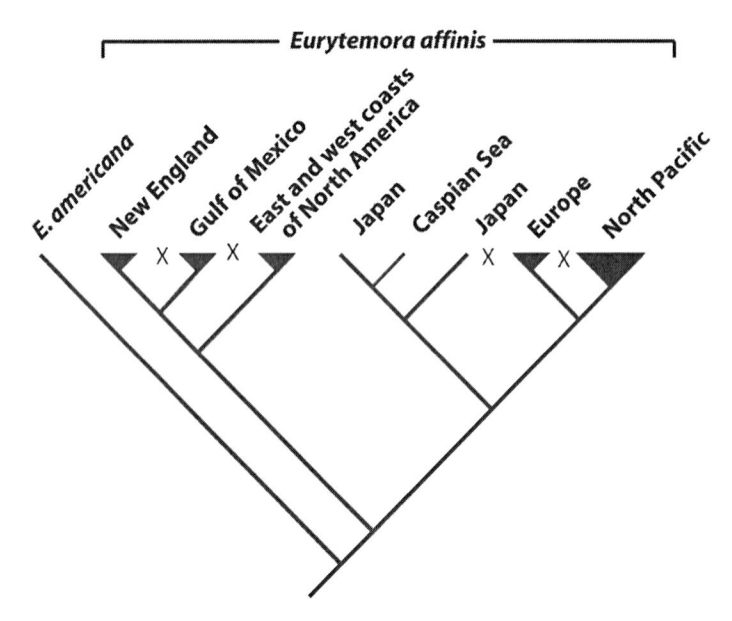

図 3.2 カイアシ類 *Eurytemora affinis* の地域集団の系統関係と生殖的隔離の有無の不一致．Xは生殖的隔離があることを表す．Freeman & Herron（2007）より引用．

の同定を行う方法）での識別は生物的種概念と一致しない場合がある．

　生物学的種概念以外にも**系統的種**（phylogenetic species concept：Cracraft 1989），**表形種**（phonetic species concept：Sakal & Crovello 1979），**結合種**（cohesion species concept：Templeton 1989），進化的種（evolutionary species concept：Simpson 1961, Wiley 1978），生態学的種（ecological species concept：Van Valen 1976）など，さまざまな概念に基づく種の定義が考案されてきたが，分類学上の判断基準としての実用性も兼ね備え，かつ普遍的，統一的に生物の性質のまとまりを表現することのできる種の概念は存在していない．むしろ最近では，種と認識されるような，生物の性質の不連続なまとまりが，さまざまなプロセスで作り出されることを認めたうえで，実際の種を区別する場合には，さまざまな方法を使って得られたさまざまな性質（形態や生態学的性質の違い，系統関係，生殖的隔離の有無など）に基づいて，総合的に判断するケースが多い（DeQueiroz 2005, Marshall et al. 2006）．

　このように「種」は非常にあいまいな概念である．しかし，どのような概念を用いるにせよ，「種」として認識される形態などの諸性質にみられるまとまりや，その多様性を生み出したもっとも重要な仕組みの一つが，集団間の生殖的隔離であることは間違いない．生殖的隔離があるからこそ，それぞれの集団は独自の生態的地位や環境への適応か可能になり，多様な性質の進化が可能になるからである．そのため「種分化」という言葉を使う場合，それは生殖的隔離の成立を意味する場合が一般的である．そこでこの章ではこの立場に立ち，種の概念として生物学的種概念を用いることとしたうえで，種分化のプロセスについて論じることにする．言い換えると，この章であつかう種分化のプロセスとは，生殖的隔離が進化する過程のことである．

3.2　生殖的隔離の機構

　2つの種が交雑せずに共存する場合，言い換えるとそれらが生殖的に隔離されている場合，それらの交雑を妨げる何らかの仕組みがなければならない．たとえば2つの種間で繁殖期が違ったり，交尾行動の様式が異なっていると，それらの間で交配まで至らない．また，仮に種間で交配が起こっても，それらの雑種個体

に繁殖能力がなければこれらの種は生殖的に隔離されている．このように交雑を妨げるメカニズムのことを隔離機構と呼んでいる．それらは隔離されているのが交配前か後かを基準として**交配前隔離機構**（premating isolation mechanisms）と**交配後隔離機構**（postmating isolation mechanisms）の2つに分けることができる．他に配偶子が接合子をつくる前で隔離されているかどうかで，接合前隔離機構と接合後隔離機構に分けることもある．

(1) 交配前隔離

ハワイ諸島には500種以上ものショウジョウバエの固有種が分布するが，これらの雄は交尾の前にユニークな求愛行動をとることで知られる．雄はレックと呼ばれる集合をつくり，雌の前で，延々十分以上もの時間をかけて極めて複雑なディスプレイをする．種ごとにディスプレイの際の翅音や体の動きのパターンが決まっていて，一般に特定の種の雌はその種に特徴的な振る舞いをする雄しか配偶者と認識せず，他とは交尾しない．そのため同じ地域に分布する別種の雄とは，雄のディスプレイの様式が異なるため交尾自体が起こらない（Kaneshiro & Boake 1987）．このショウジョウバエのケースは種間の求愛行動の違いが異種間の交配を妨げており，交配前隔離によって生殖的隔離が成立している例である．

昆虫の交尾器にみられる種間の形態の違いは，ちょうど鍵と鍵穴の関係のように，異種間の交尾を交尾器の形の違いにより物理的に不可能にする機能を果たす場合があると考えられ，そのため機械的隔離の実例とみなされる．たとえばオサ

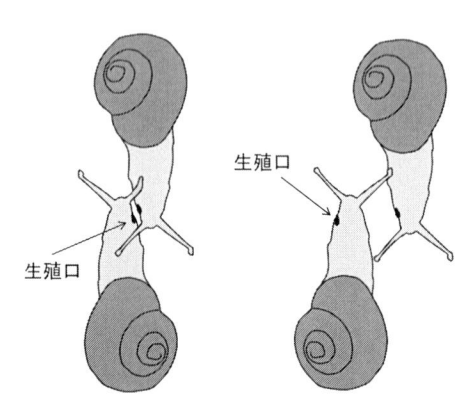

図 3.3 平巻きカタツムリの交尾．巻き方向が反対だと生殖口も反対になるので交尾がうまく成立しない．

ムシではオスの生殖器の形態が種間で著しく異なり，異種のメスとは物理的に交配が困難であることが知られている．(Sota & Kubota 1998)．カタツムリの殻の巻き方向の違いも交配前隔離機構として働く場合がある．平巻きの種類では，2匹が対面し首の横にある生殖口を接触させる形で交尾をすることが多い（図3.3）．左巻きの個体と右巻きの個体では，生殖口の位置がそれぞれ体軸の反対側に位置するため，うまく交尾が行われない（Asami et al. 1994）．

(2) 交配後隔離

ロバとウマの交配によって生まれたラバは正常に発育し，しかも頑健なために古くから使役に利用されてきた．しかしラバには繁殖能力がなく子孫を残すことができない．したがって，ロバとウマは一代雑種はつくるがその子孫を残すことができないために生殖的には隔離されている．交配後隔離機構は，このように交雑によってできた雑種が不妊だったり，雑種に生存力がないことによって，2つの種が生殖的に隔離される機構のことである．たとえば染色体の再配列，特に逆位や転座があり，種間で染色体構造が異なるとき雑種では妊性が失われることにより生殖的隔離が成立する．また性染色体の構造的な違いにより相同染色体の対合ができないため雄か雌の一方が不妊になることもある．このような場合，異型性，すなわち異なる2型の性染色体がある性（哺乳類の場合は雄）が不妊になることが多く，この傾向は**ホールデンの法則**（Haldane's rule）と呼ばれている．

(3) 交　　雑

種間で生殖的隔離が成立している場合，程度の差こそあれ交配前隔離機構と交配後隔離機構のどちらも存在していることが一般的である．しかしこれらの機構のうち，いずれか一方または両方が不完全にしか成立していないケースも決してまれではない．植物では異種間交雑は頻繁に観察されているし，動物でも通常では交雑しない2種が，実験条件下で交雑するケースがさまざまな分類群で知られている．野外でも，地理的に隔離され，生殖的隔離を進化させた集団が二次的に接触した場合に，交雑が起きるケースが多く知られている．また，生息場所の人為的な撹乱や急激な気候変化があると，同所的に生息していた2種間で交配前隔離機構が消失して交雑が起き，雑種集団が形成されることがある．北米大陸に分布するコヨーテとタイリクオオカミは通常互いに交雑することはなく，野生状態

で出会ったときは，コヨーテはオオカミに殺されてしまうことが多い．ところが開発が進み，森林の伐採により農地化が進んだ地域では，オオカミとコヨーテの間で交雑が起き，コヨーテの遺伝子をもつオオカミがみられるという（Lehman et al. 1991）．開発の進んだ地域ではコヨーテの頭数は増えているがオオカミの頭数は減少しており，群から離れた若い雄のオオカミが雌のオオカミに遭遇する機会が減っている．そのためこのような地域では雄オオカミは雌コヨーテを配偶者に選ぶらしい．また交雑が起きた後，雑種とオオカミの戻し交雑によってコヨーテの遺伝子はオオカミの集団中に広がっているようである．ある地域ではコヨーテの群がオオカミに殺され全滅してしまったが，このコヨーテを滅ぼしたオオカミの群は，皮肉にも過去の交雑に由来するコヨーテのミトコンドリアDNAを持っていたという．このように人為的な環境変化にともなって異種間の交雑が起きる例は，哺乳類の他，魚類，両生類，鳥類などでよくみられる．特に極端なケースはビクトリア湖に生息するカワスズメの場合で，これらの種は配偶者を体色で識別しているため，水が濁って相手の識別が困難になると，配偶者を識別できにくくなり，異種間の交雑が生じてしまうことが知られている（Seehausen et al. 2008a）．

さらに，隣接する集団の間では生殖的隔離が認められず形態が連続的に変化しているのに，その分布の両端に位置する集団の間で生殖的隔離が成立していること

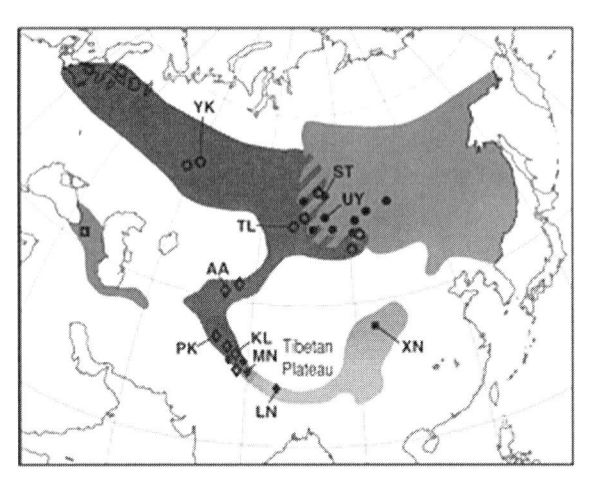

図3.4 ヤナギムシクイ2種の輪状種．斜線の部分で2種が共存するが，両者はヒマラヤ周辺では連続する．色の違いが形質の違いを表す．Irwin et al.（2005）より引用．

とがある．この場合，分布の両端の集団が出会った地点では 2 種として共存するが，同時にその 2 つの種は連続的に変化する中間的な集団としてつながっている．このようなケースは**輪状種**（ring species）と呼ばれる．輪状種の例は少ないが，ユーラシアに分布する鳥，ヤナギムシクイとその近縁種が典型的な例として知られている（図 3.4）．この 2 種はそれぞれ中央アジア高地を取り巻くように東と西に分布し，分布の北端にあたるシベリア低地の分布が接する地域で共存するが，それぞれの分布域を南にたどっていくと，ヒマラヤ南部で連続してしまう（Irwin et al. 2005）

このように生殖的隔離の強さにはさまざまな段階があり，種は必ずしも他から明瞭に分離したユニットを構成しているとは限らない．

(4) 生殖的隔離機構の遺伝的背景

これまでに生殖的隔離に関わる遺伝子として，さまざまなものが見つかっている．ウスグロショウジョウバエでは，メスのオスに対する好みが集団間で異なっており，特定の集団のオスと交配しないが，このメスのオスに対する好みの違いを支配している遺伝子が，第四染色体の Coy-2 という部分にあることが明らかにされている（Ortiz-Barrientos & Noor 2005）．アフリカのカワスズメでは，網膜上で光受容性を司っているオプシンの遺伝子の変異が，配偶者認識を通して交配前隔離に関与していることが知られている（Seehausen et al. 2008b）．トゲウオ科のイトヨは太平洋と日本海で異なる種に分化しており，太平洋のタイプのメスは，日本海のタイプのオスがとる求愛行動や体のサイズを好まない性質がある．太平洋のタイプと日本海のタイプでは，性染色体構造が異なり，日本海のタイプでは 2 つの染色体が融合して新しい性染色体になっている．そしてこの染色体には体サイズ，求愛行動を決める遺伝子の他，太平洋のタイプとの雑種不妊をもたらす遺伝子が存在している（Kitano et al. 2009）．このように性染色体の構造変化が，生殖的隔離に関わっていることもある．

3.3　種分化のプロセス

ではどのようなプロセスでこのような生殖的隔離が進化するのだろうか．まず

もっとも単純な交配後隔離による種分化のモデルとして，次のような例を考えよう．生殖的隔離に関わる遺伝子座とその対立遺伝子 A, a があるとする．もしヘテロ接合の遺伝子型 Aa が致死になるとすると，遺伝子型 AA の個体からなる集団と aa の個体からなる集団は生殖的に隔離されていることになる．しかし突然変異は一般にヘテロ接合の形で現れるので，このケースでは致死を生じる対立遺伝子は集団中に広まることができない．したがって，遺伝子型 AA の個体だけからなる集団からは，遺伝子型 aa をもつ個体は進化できない．そこでもう一つの遺伝子座とその対立遺伝子 B, b を考える．そして遺伝子型 Aa と Bb だけでは不和合を生じないが，2 組の対立遺伝子をともにヘテロでもつ場合，すなわち AaBb では不和合を生じると仮定する．この場合には，もともと AABB という同一の遺伝子型をもつ個体だけで構成されていた 2 つの祖先集団が，それぞれ AAbb, aaBB という別の遺伝子型をもつ個体からなる子孫集団に進化することは原理的に可能である．この 2 集団が交雑した場合，雑種個体はすべて AaBb の遺伝子型になり致死となる（図 3.5）．つまりこの 2 集団の間には生殖的隔離が進化しており，種分化が起きたことになる．この種分化のモデルは，ドブジャンスキー・マーラーモデルと呼ばれるもっとも古典的なモデルだが（Bateson 1909, Dobzhansky 1937, Muller 1942），このように少なくとも 2 つの遺伝子座を想定することによって，種分化は集団遺伝学的に無理なく説明することができる．実際，コインら

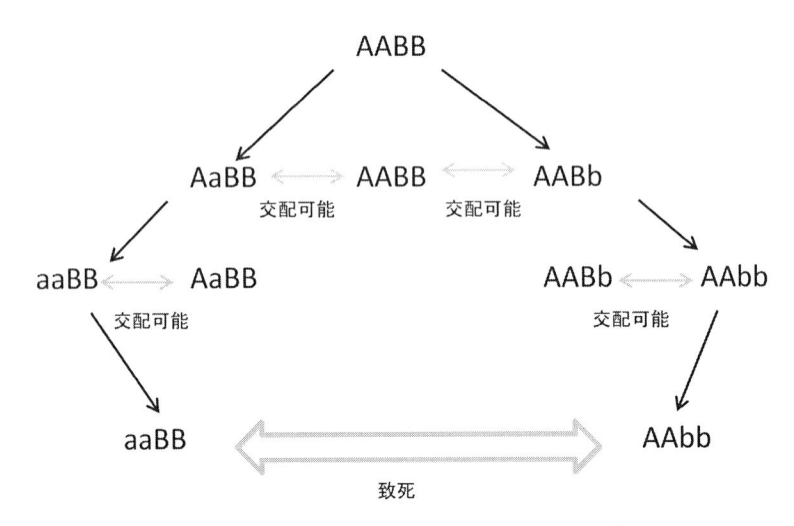

図 3.5 ドブジャンスキー・マーラーモデルによる種分化プロセス．

はショウジョウバエの遺伝的な解析により，2つかそれ以上の遺伝子座での不和合性が雑種の不妊に関与しており，これらの遺伝子は別種の遺伝子と一緒の状態では有害になるが，同種の遺伝的背景に対しては，何も不和合性を引き起こさないことを見出した（Coyne 1992）．

このモデルでは，交配後隔離の進化だけでなく，交配前隔離の進化についても同じように説明できる．しかし，このような2集団の遺伝的分化が起こりうる条件ついては言及していない．ではどのような状況のもとで，どのようなプロセスにより，このような遺伝的分化は起きるのだろうか．この問題は進化生物学の中心的な課題として，長く論争の的となってきた．論点としては，まず①分化が起きる地理的条件は何か，次に②何が分化の駆動力なのか，である．これまで種分化を説明するために提案されてきたモデルの多くは，このいずれかの問題に着目してきたものである．①については，種分化が起きる集団の間で，遺伝子流動が地理的に阻害されているかどうかで，大きく異所的種分化と同所的種分化という異なるモデルに区別されてきた．②については，適応進化のプロセスを重視するかランダムな遺伝的浮動を重視するか，という問題に加え，種分化をもたらす適応進化の要因として，性選択や生物間相互作用による生態学的なプロセスや，適応的な形質の分化の役割が議論となってきた．従来は①の問題，特に異所的種分化と同所的種分化のいずれが一般的かといった点が種分化の議論の中心であり，それと対応した形で種分化の駆動力について（②の点）議論されることが多かった．しかし最近では，同所的か異所的かという地理的な基準よりも，生態学的な要因や適応的な分化の関与の有無を基準として種分化の機構を考えるようになってきている．そこでここでは，まず種分化のプロセスを地理的な面から区別した議論を紹介し，次に種分化の駆動力として生態学的な要因に注目した議論について解説する．

(1) 異所的種分化

一つの種でも，それをいろいろな地域から採集してみると，さまざまな性質に地域ごとの違いがみられることが多い．こうした地理的変異は，体の形や大きさ，生理的な特徴，行動，生活史などの形質の他，染色体や中立分子マーカーの変異の観察から知ることができる．このことは集団が空間的に隔離されることが，集団ごとに異なる遺伝的性質をもたらす要因となっていることを示している．した

がって，生殖的隔離が遺伝的な性質の違いを反映している以上，種分化は地理的に隔離されることで引き起こされるはずである．

　一つの種の分布域が，なんらかの地理的な障壁によって2つに分断される，という状況を考えてみよう．この場合，障壁はたとえば山脈や海峡，河川のように，生物の移動を妨げる性質をもつものである．分断された地域集団の間で遺伝的な交流が阻害されると，これらの地域集団は遺伝的浮動や突然変異，自然選択により，それぞれ独自の方向にその性質が変化していき，十分な時間の後には，両者の遺伝的・形態的な違いは非常に大きなものになっているかもしれない．このような状況で，生殖的隔離に直接関係した形質にも大きな違いが生まれているとすると，この段階でそれまで地域集団間の遺伝的な交流の妨げになっていた地理的障壁が消滅したり，2つの地域集団が相互に移動して出会うことがあっても，それらが交雑して混じりあうことはなくなるだろう（図3.6）．このように地理的な障壁により集団が隔離されることによって新しい種が進化する場合を，異所的種分化と呼んでいる．前にふれた輪状種は，分布域の両端に位置する集団の間で生

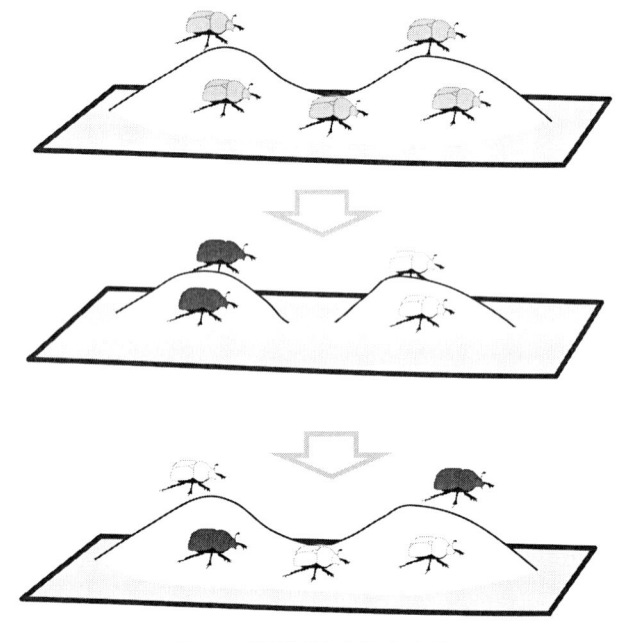

図 3.6 異所的種分化のプロセス．

殖的隔離が成立していることから，集団間の距離が大きいほど生殖的隔離が強い可能性を示しており，地理的隔離が生殖的隔離をもたらす可能性を示す例とされている．

　交配前隔離機構と交配前隔離機構のどちらも，地理的に隔離された集団に生じた遺伝的分化の副産物として生じうる．脊椎動物や節足動物に多くみられる複雑な配偶行動は，性選択の結果進化したと考えられるが，異なる地域集団の間で異なる方向に性選択が働き，それぞれの地域集団に固有の配偶行動と配偶者認知システムが発達することによって，集団間の交配前隔離機構が成立するかもしれない．また，地域ごとに生息環境が異なるときは，それぞれの集団がそれぞれの地域に特有の気候や生活場所に適応した結果，利用する資源や繁殖期などが集団間で違ってしまい，生態的な隔離が成立するかもしれない．生殖に関与するそれぞれの種の共適応した遺伝子のセットは，それぞれの種にとっては適応的なものであるが，それらのシステムがそれぞれの種のなかで独自のシステムへと進化していったため，互いの「互換性」が失われる，と考えられる．

　ここであげた例は集団が地理的な障壁によって，同じくらいの大きさの集団に分割される状況を想定している．そのため，このケースはダンベルモデルや分岐モデルと呼ばれている．この場合，種分化は地理的隔離の後，おもに適応による遺伝的分化の蓄積につれ，その副産物として徐々に進行する．これに対し，飛び越えモデルと呼ばれるモデルでは，種分化はおもに遺伝的浮動の効果により，隔離された小集団で急速に起こる．このモデルは Mayr によって最初に提唱された後，Carson，Templeton らによって修正された形で主張された．

　たとえば配偶行動に関係する形質や遺伝子構成が，複数の種でそれぞれ異なる状態をとるとしよう．そして形質や遺伝子構成と適応度の関係が，図 3.7 のような曲面（適応地形図）で表現すると考える．自然選択によって集団の平均的な形質や遺伝子構成は，適応度の低いところから高いところに変化するので，十分な時間ののちには，それらは適応地形図のピークに達して安定な平衡状態になる．もし，雑種の適応度が低い，つまり特定の形質や遺伝子構成の組み合わせ以外では適応度が低くなるとすると，それぞれの種に固有な配偶行動は，適応地形図上に存在するいずれかのピークに対応させることができる．まず分岐モデルと呼ばれる種分化の様式では，地理的に隔離された2つの集団が，異なる環境の下でおもに自然選択によって，それぞれ徐々に異なる適応のピークに向かって移動して

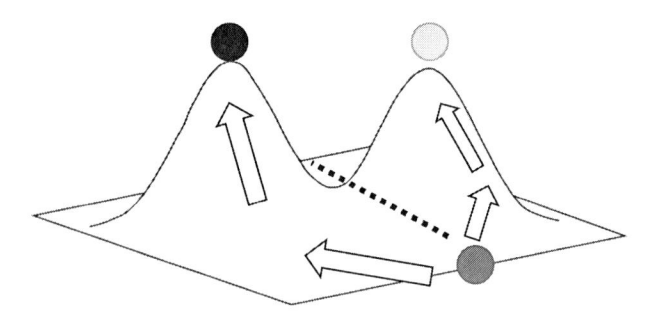

図 3.7 分岐モデルによる種分化．

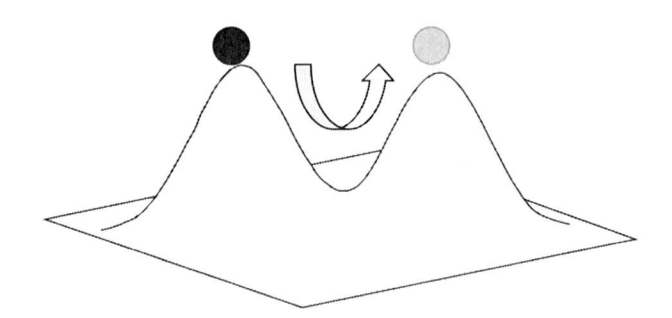

図 3.8 飛び越えモデルによる種分化．

行く（図 3.7）．これに対し飛び越えモデルでは，集団の一つが，ある適応のピークから別の適応のピークに，適応の谷を横切ってシフトする（図 3.8）．ここでは遺伝的浮動が，集団を一つのピークから谷を超えた対岸にまで引き下ろす役割をする．飛び越えモデルでは，遺伝的浮動は谷の深さが同じなら集団サイズが小さいほど大きな効果を発揮するので，飛び越えによる種分化は，大集団よりも隔離された小集団で起こりやすいと考える．種分化が分岐によって起きるのか，それとも飛び越えによって起きるのかという問題は，種分化をめぐる大きな論争の的となった．しかし，現在では理論上からも，実際に検出される種分化の地理的パターンからも，異所的種分化はピーク移動のような飛び越えによって起きる急速なプロセスではなく，むしろ適応の過程で遺伝的な分化が蓄積して起こる漸進的なプロセスだという見方が一般的となっている．

(2) 同所的種分化

　異所的種分化が，祖先種の生息域が地理的に分断され，遺伝子流動が途絶した集団間で進むのに対し，祖先種と同じ生息域のなかで遺伝子流動がある条件のもとで進む種分化の様式がある．これを**同所的種分化**（sympatric speciation）という．そのような例として，染色体の倍数化によって起きる種分化がある．2倍体の祖先と4倍体の子孫では交配できないので，一回の倍数化でいきなり新しい種ができてしまう．このような種分化は植物で雑種形成にともなう異質倍数化により頻繁に起きている．同倍数性の種でも，雑種の表現型が祖先種との生殖的隔離をもたらす場合には，雑種化による種分化が起こりうる．たとえば配偶者認識が表現型に依存する場合，雑種によって生じた表現型はいずれの母種とも交配しない可能性がある．この例は，南米のドクチョウで知られている（Mavarez et al. 2006）．

　このような種分化プロセス以外にも，同所的種分化と分類されている様式がある．北米産のミバエの一種（*Rhagoletis pomonella*）は，成虫が果実に産卵し，孵化した幼虫はその果実を食べて成長する．北米ではこの種はもともとセイヨウサンザシを利用していた．ところが1864年になると，果樹として導入されたリンゴを利用している個体が現れ，その後さらにナシやサクラの実などに広がっていった．セイヨウサンザシの果実を利用する集団とリンゴの果実を利用する集団の間には，すでに遺伝的な交流が極めて乏しく，遺伝的な分化も生じていた．自然界ではこれらの集団の間に，利用する資源の違いによる生殖的隔離（交配前隔離）が形成されている（図3.9）．またリンゴを餌にしている幼虫は約40日で成虫になるが，セイヨウサンザシを餌にしている幼虫は成虫になるのに約60日かかるため，これらの集団は親バエが交尾をする時期の違いによっても隔離されている．このように2つの集団の分化が起こる理由は，このミバエの雌は自分が育ったのと同じ種類の果実に産卵し，それからかえった次世代のハエの雄は自分が育ったのと同じ種類の果実の木で雌を探す習性をもっているためである．いったん利用する果実が変わると，もとの果実を利用する集団と出会う機会はほとんどないため，資源を異にするそれぞれの集団で独自の進化が起こるようになる．

　Maynard Smithが初めてモデル化した同所的種分化では，分断選択により表現型の多型が集団中に安定に維持されるプロセスと，それらの多型の間に生殖的隔離が成立するプロセスを想定していた（Maynard Smith 1966）．かつてはこの一

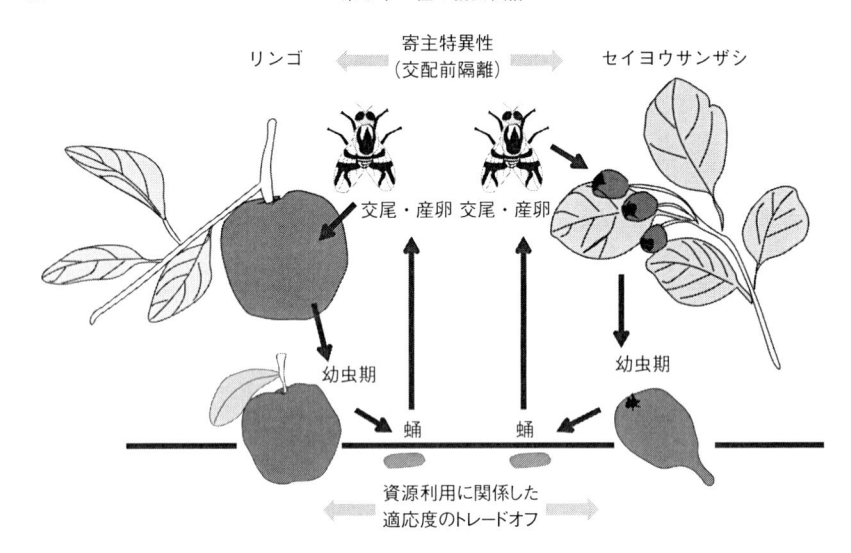

図 3.9 ミバエの一種（*Rhagoletis pomonella*）の種分化．セイヨウサンザシとリンゴを宿主とした個体は，交配場所や生活史が変わるため出会うことがない．また異なる宿主に適応する上でのトレードオフが存在している．

連のプロセスで種分化が起こる条件は非常に限られているとされていた．しかし現在ではこれを修正，拡張したモデルが数多く提出され，かつて考えられていたよりはるかに幅広い条件のもとで同所的種分化が起こりうることが示されている（Kondrashov & Shpak 1998）．

　同所的種分化の難点の一つは，多型間の交雑の際に雑種の適応度を下げる遺伝子と，適応度を下げるような交配相手を避ける性質（配偶者選択）を支配する遺伝子が，組み換わってしまうことである．言い換えると，同所的種分化が起こるためには，雑種の適応度を下げる遺伝子と配偶者選択に関係している遺伝子が同一でなければならない．そのような可能性のあるメカニズムの一つが性選択である．もし，性選択によって，配偶者選択の対象となる形質の分化が生じるなら，雑種の適応度の低下は配偶者選択によってもたらされるので，上の条件が満たされることになる．このため性選択だけで同所的種分化が起きる可能性が理論的に追及された（Higashi et al. 1999, Kawata & Yoshimura 2000）．しかし実際には，配偶者選択にかかるコスト（たとえば好ましい配偶者を選ぶのに費やす時間やエネルギー）のため，性選択だけではこのような形質の分化は起こりにくいことがわかってきた（Coyne & Orr 2004, Gavrilets 2004）．種分化が起こるためには，

配偶者を選択することのメリットが，それにかかるコストを上回る必要がある．つまり雑種の適応度を下げる何か別の強い自然選択が働いている必要がある．

　以上のように同所的種分化が起こるためには，分断選択を受けて適応的に分化する形質に関わる遺伝子と，配偶者選択に関わる遺伝子が同じでなければならない．このような性質が成り立っている形質は**マジックトレイト**と呼ばれる（Gavrilets 2004）．上記のミバエの例では，寄主としている植物の上で交配が起こるので，寄主の選好性に関係している遺伝子が，同じ寄主を好む性質を持つ個体の同類交配を**多面発現的**（一つの遺伝子が複数の形質に効果をもつこと）にもたらしうる．つまりニッチ分化に関係した形質と配偶者選択に関わる形質が同じ遺伝子の支配を受けており，マジックトレイトとなっている．

　マジックトレイトには，適応的形質に関係する遺伝子座が直接同類交配ないし生殖的隔離をもたらしているような場合と（自動的マジックトレイト），適応的形質に関係する遺伝子座が，配偶者選択に関係する形質（体色，鳴き声などのシグナル）には関係しているが，選好性に関与しているのはそれとは別の遺伝子座である場合がある（古典的マジックトレイト）（Servedio et al. 2011：図 3.10）．上記のミバエのケースは自動的マジックトレイトに相当し，この場合は容易に種分化が起きる．一方，北米の湖水に生息するトゲウオの例は古典的マジックトレイトの例である．トゲウオには同じ種のなかに底性生活に適応したタイプと表層生

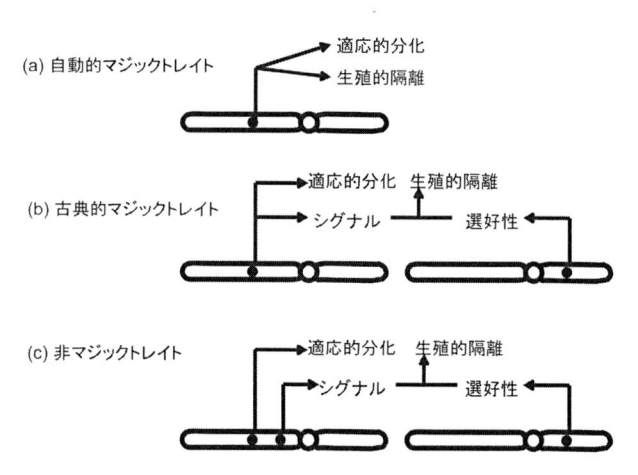

図 3.10　2 種類のマジックトレイトとマジックトレイトではないが，適応に関与した遺伝子と，生殖的隔離の間に強い連鎖不平衡が存在するケース．Servedio et al.（2011）を改変．

活に適応したタイプが見られる．それぞれのタイプの体サイズはそれぞれの生活様式への適応の結果，異なるものになっており，底性生活を行うタイプは，水草や堆積物に付着した餌を採るのに適した大型，表層生活を行うタイプは，プランクトンなどを採餌するのに適した小型である．これらのトゲウオのメスはオスの体サイズを基準に配偶者を選ぶため，生活様式の異なるタイプの間に交配前隔離が成立する．同様に海産のタイプは淡水のタイプよりもはるかに大型になるため，両者の間に交配前隔離が成立する（Schluter 2000）．ガラパゴス諸島のダーウィンフィンチでは，異なる餌や生息環境に適応した結果，集団間で頭のサイズやくちばしの形が分化している．この形態の分化の副産物として，形の違いに伴なう音響学的な効果によりさえずりが変化することが知られている（図 3.11：Podos 2001）．つまりニッチ利用の分化がさえずりを変えるので，これは古典的マジックトレイトの例である．

　一方，適応的形質と配偶者選択に関係する形質が同じ遺伝子座の支配を受けてはいない場合はマジックトレイトではない．しかし，もし両者を支配する遺伝子座が強く連鎖していれば，マジックトレイトと似たような効果をもちうるので，理論上，同所的種分化が起こりうる（Servedio et al. 2011）．この場合，種分化が起こるかどうかは，連鎖が組み換えによって消失するまでの時間に依存する．

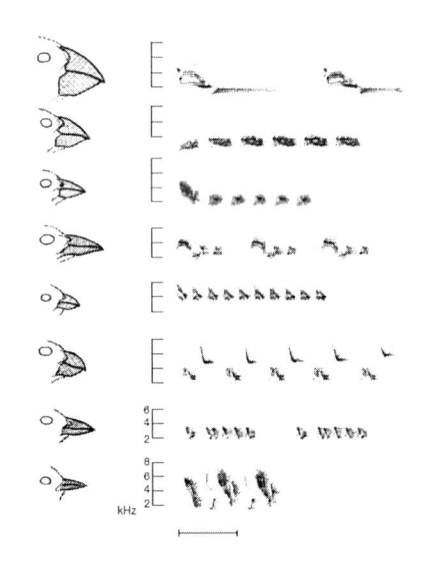

図 3.11　ダーウィンフィンチの形態とさえずりの声紋．Podos（2001）より引用．

(3) 生態的種分化

　上記のように，性選択やニッチ利用への適応が配偶者の選好性と密接に関係する場合，種分化が起こりやすい．つまり生態学的な性質が分化をもたらす機構として重要な役割を果たすのである．これは，古典的な異所的種分化のモデルでは，一般に生殖的隔離に関係した生態学的な性質は副産物として進化するにすぎないと考えていることと対照的である．最近では，種分化の同所性，異所性という問題よりも，このような生態的種分化の一般性が注目されるようになってきた（Schluter 2009）．

　生態的種分化では，多様化選択が働いていることが重要である．生態的要因が関与していても多様化選択が働いていない場合は，生態的種分化のプロセスではない．Schluter（2009）は，同じ方向への適応的な変化の結果，種分化が生じるプロセスを想定し，それを**突然変異順位種分化**（mutation order speciation）と呼んで生態的種分化と区別した．このプロセスは，同じ方向への適応が起こる場合でも，異なる変異が突然変異によって供給されるため，配偶形質が分化し種分化を引き起こす．たとえば，性的対立による種分化は，このタイプの種分化の有力な候補である（Schluter 2009）．雄は多数の精子を産出し，雌は少数の卵子を産出するため，両者の間には本質的な繁殖戦略の違いがある．そのため，繁殖を巡る最適戦略に雌雄で対立が生じる．こうした性的対立は，両性間の拮抗的な共進化を引き起こすが，同じ性的対立のプロセスがまったく異なる繁殖形質を進化させることが知られている．

　一方，生態的種分化の事例は近年になって数多く報告されるようになってきた．上で紹介したミバエ，トゲウオ，ダーウィンフィンチの例は，ニッチ利用の分化による生態的種分化だが，天敵による捕食も生態的種分化の重要な駆動力となる．たとえば北米のナナフシの一種には色彩多型があり，異なる色彩型はそれぞれ異なる植物種を寄主としている．それぞれの色彩型はそれが寄主とする植物の上では捕食者に対するカムフラージュとなる．そのため，この色彩型は捕食者の影響のもとで，分断選択により進化してきたと考えられる．そしてこのナナフシは，同じ植物を利用する同じ色彩型を選んで交尾する傾向があるため，色彩型の間に種分化が進行している（Nosil et al. 2002）．南米のドクチョウ類は有毒であるため捕食者に対して警告色をもち，有毒種間で模様や色彩が類似する**ミュラー型擬態**（Müllerian mimicry）が発達している．同じ種でも複数の色彩型があり，異な

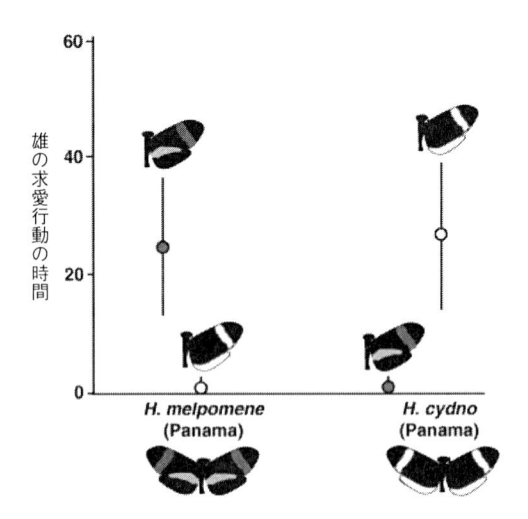

図 3.12 ナンベイドクチョウ属 2 種の模様の違いによる雄の求愛行動の違いと同類交配．Chamberlain et al.（2009）より引用．

色彩型が交雑して生まれた個体は，擬態の効果が薄れてしまうため，捕食者に狙われやすくなる．そのため，これらの色彩型の間には強い分断選択が働いている．ドクチョウ類は自分と色彩の似た者を交配相手に選ぶ同類交配の性質があるため，異なる色彩型間に生殖的隔離が進化しており，種分化の初期的な状況が生じている（図 3.12：Chamberlain et al. 2009）．カタツムリでは巻きの方向が異なると交尾ができないため右巻き，左巻きの個体の間で生殖的隔離が生じる．しかし理論的には，巻き方向の異なる突然変異は，それを維持するための特別な機構がなければ存続が難しいため，巻き方向の逆転による種分化は非常に起こりにくい（Davison et al. 2005）．ところがカタツムリを捕食するヘビがいる条件のもとでは，ヘビが右巻きのカタツムリを食べるように口の構造が特殊化しているため，左巻きの個体が捕食から逃れることができ有利になる．そのため左巻きの変異が維持され，種分化を生じたと考えられる（図 3.13：Hoso et al. 2010）．

　生態的種分化のプロセスに関しては，当初は理論的な研究が先行していたが，後に実証的な研究が進み，多くの事例が知られるようになり，種分化の一般的なメカニズムなのではないかと考えられるようになってきた．特に後述する適応放散の過程では，種多様化のプロセスとして重要な役割を担ったのではないかと考えられる．

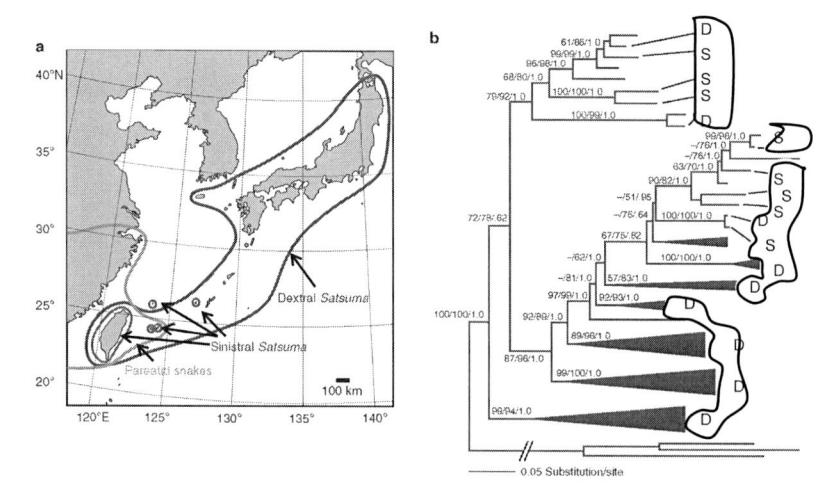

図 3.13 右巻きの陸貝に特化した貝食性ヘビの捕食に対する適応の結果生じた右巻き陸貝（D）から左巻き陸貝（S）への進化（b）．その分布が貝食性ヘビの分布と一致（a）．Hoso et al.（2010）より引用．

3.4 適 応 放 散

　大洋中に新しくできた火山島や，他の水系と切り離された大きな湖などでは，少数の系統が爆発的な種分化と形態やニッチ利用の多様化を生じることがある．このような多様化パターンは一般に**適応放散**（adaptive radiation）と呼ばれ，生物進化のもっとも華々しい場面の一つである．適応放散は古くから注目されてきた現象であるため，さまざまな定義が存在している．もっとも厳密な定義は，Schluterによる，「急速に多様化する系統に生じる生態学的多様性および表現型多様性の進化」，という定義である（狭義の適応放散：Schluter 2000）．この定義では，適応放散は以下の4つの条件が満たされる必要がある．

　①グループに含まれる種が共通祖先をもつ：　それも最近の共通祖先がある（ただしグループに含まれる種が単系統群であるということと同義ではない）

　②表現型と環境の間に相関がある：　環境とその環境を利用するのに必要な形態的，生理学的形質の間に有意な相関がある

　③形質の有効性：　ある形質に対応した環境下で，その形質をもつことで生存率や出生率の向上，ないし適応度上の優越性が認められる

④急速な種分化： 生態的，形態的な多様化が進行する時に，一回またはそれ以上の新しい種のバースト的な出現がある．

この定義のもとでは，適応放散は同じ属に含まれる種群など，低次の分類群で示される多様化（種分化）のケースに限定され，高次分類群の多様化で示される大進化のパターンには適用されない．

一方，「多様な生態的地位を占める単系統の種群によって示される多様性のパターン」と，適応放散をより広い意味（広義の適応放散）でとらえた定義もある（たとえば Gillespie 2001）．しかしいずれの立場でも，多数の種が急速に単一の祖先種から分化していても，それらの種の間で表現型の違いと環境との対応関係が認められない場合は，適応放散とは見なされない．このようなケースは，一般に単に「放散」と呼ばれる．

(1) 急速な種分化

なぜ適応放散が起きるのかを理解するためには，種分化と異なる環境への適応による表現型の分化という，2つのプロセスを考える必要がある．空白のニッチが多く存在する場所，たとえば島や湖，あるいは氷期に厚い氷河で覆われていた地域などで，種分化は急速に起こることが特徴の一つである．もう一つの特徴は，分化してから経過した時間の割に，配偶形質や生活形に著しい多様性が見られるケースが多いことである．特に同所的に生息する種で，生活様式や利用する資源が異なっているケースがよくみられる．たとえばダーウィンフィンチでは，同所的に生息する種間で，餌として利用する種子の大きさが異なっており，それに対応して種間で嘴の形が異なっている．海洋島や湖で，急速な種分化が起こるとともに生活形などの表現型の多様性が生じる理由をうまく説明するプロセスが生態的種分化である．大陸ではたいていの場合，有力な競争者がすでに多くのタイプの資源を利用し，多くの生活場所を占めているため，異なる資源や生活場所への分化が起こりにくい．一方これらの島や湖はそれができたとき，そこに初期にたどり着いた生物にとっては競争相手のいないパラダイスであり，また他の地域から隔離されているため他からの移住者が乏しく，それら有力な侵入者との競争から免れている．そのため他種との競争から開放された祖先種が，まず広い生活場所に生息範囲を広げ（形質開放），次にニッチ分化を生じる．これは生態的種分化が非常に起こりやすい状況である．生態的種分化は交配前隔離を進化させるプロ

セスだが，交配前隔離は交配後隔離よりも急速に進化することが知られている（Coyne & Orr 2004）．したがって，空白のニッチの存在と生態的種分化のプロセスは，大陸に比べ急速な種分化をもたらしうると考えられる．

(2) 生態的形質置換

　もう一つの適応放散の有力なメカニズムは，異所的種分化によって生じた2種の分布が重なった場合に起きる**生態的形質置換**（ecological character displacement）である．2種間の表現型の差が，2種が共存する場所のほうがそれぞれ単独で生息する場所より大きくなるパターンを形質置換とよぶ．ここで比較している表現型が，ニッチ利用と関係した形質で，それらの分化をもたらしているのが種間競争である場合を生態的形質置換と呼ぶ．ニッチに空白が多ければ，生態的形質置換が起こりやすく，また種がニッチを占めることができずに絶滅する確率も下がるので，結果的に大陸に比べて種分化率が高くなる．一方，異所的種分化が起きてから十分な時間が経過しておらず，まだ生態的形質置換が起こる前の状態を考えてみよう．この時点では，生態的に非常によく似た多くの種が異所的，側所的に分布するパターンを示すはずである．このようなパターンを**非適応放散**（non-adaptive radiation）と呼ぶ．実際に放散した生物の事例では，適応放散とともにこのような非適応放散も同時に生じていることが多い．しかし，野外集団で生態的形質置換が表現型の分化の推進力としてそれほど強力に作用するかどうかは疑問がもたれており，厳密に生態的形質置換と呼べる事例はそれほど多くはない（Schulter 2000）．また種間競争以外のさまざまなプロセス，たとえば捕食者を介した間接効果や繁殖干渉などのプロセスでも，生態的形質置換とよく似た共存種間のニッチ分化や生態型の分化を引き起こしうる．

(3) 種数と種分化率

　生態的種分化や生態的形質置換のプロセスで適応放散が起こる場合，適応放散の初期には空白のニッチが多いため，種数の増加率は高い．しかし，適応放散の過程が進みニッチが埋まると，それ以上の種の共存が困難になるので，種分化率は下がり，最終的に種数は一定のレベルで平衡状態になると考えられる．実際，タンガニーカ湖のカワスズメの種分化率は，多くの系統で，時間に対して指数関数的に上昇した後，頭打ちになるS字状のパターンを示している（Seehausen

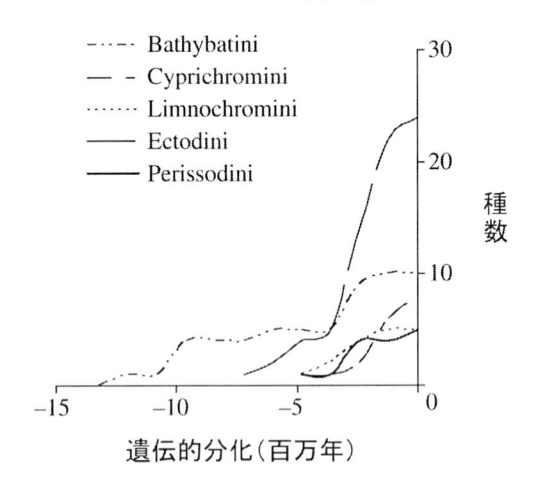

図 3.14 タンガニーカ湖のカワスズメの系統の種多様化にみられる時間的変化. Seehausen (2006) より引用.

2006：図 3.14). ハワイのクモ類で調べられた適応放散過程では，種分化が進んで種の多様性が増すと，競争により絶滅率が高まるため多様性が減り，最終的に種数が平衡状態に達すると推測されている (Gillespie 2004).

しかし，一方でこのような種数と種分化率の関係が認められない例もある．たとえば大アンティル諸島のアノールトカゲでは，大きな島ほど種の多様性が高く，依然としてニッチが飽和することなく適応放散が進行中であることが示されている．また，新しい種が誕生するとそれによって新しいニッチが形成され，それを利用することのできる種が増えるため，種数の増加とともに，種分化率も高まるとする考えもある (Whittaker 1977). 生態的種分化では捕食者の存在も種分化に貢献することがあるため，種数が増加して多様な生活様式をもつ種が増えると，種分化率が高まる可能性もある．こうした種分化率と種数の関係については，最近も議論が続いており (Emerson & Kolm 2005 など)，結論は出ていない.

(4) 反復適応放散

適応放散の過程で，同一のニッチを占め，ほとんど同じ形態をもつ生態型が，異なる系統で繰り返し独立に出現することがある．その結果，異なる地域で，種構成は異なるにも関わらず共通のニッチ利用と生態型のセットからなる群集が形成されることがある．たとえば，アフリカ巨大湖のカワスズメでは，プランクト

ン食，魚食，藻類食，他の魚の鱗をはぎ取って食べるなど，さまざまな食性とそれに対応した形態をもつ種に分化したが，同じ食性と形態をもつ種が異なる湖で独立に分化したことが知られている．その結果，異なる湖で，祖先が異なるにも関わらず，共通の生態型の組み合わせからなる群集が成立している．このようなタイプの適応放散は，**反復適応放散**（replicated adaptive radiation）と呼ばれる（Schluter 1993, Losos 2010）．明瞭な反復適応放散の例はあまり多くないが，アフリカのカワスズメのほか，周極地方の湖水で放散したトゲウオでなど湖沼の淡水魚の例が知られている．陸上生物では反復適応放散の例は非常に少なく，典型的なものは西インド諸島のアノールトカゲ，小笠原諸島の陸産貝類，それにハワイ諸島のクモ類で知られるにすぎない（Losos 2010）．

カリブ海・西インド諸島のアノールトカゲのグループ（Anolis）は約 140 種におよぶ形態的，生態的に多様な種に分化しているが，これらは主な住み場所（木の幹，枝，樹冠，草地）の違いにより異なる生態型に区別される．そして同じ生態型の種は，互いに類似した形態をもっている．それぞれの島には，共通の生態型の組み合わせが成立しており，これらの生態型のセットは，異なる島と系統で独立に分化した（Losos 2009）．小笠原諸島の陸生貝類では，同所的に生息する種では樹上に住むもの（樹上性），樹上と地上の中間に住むもの（半樹上性），地上

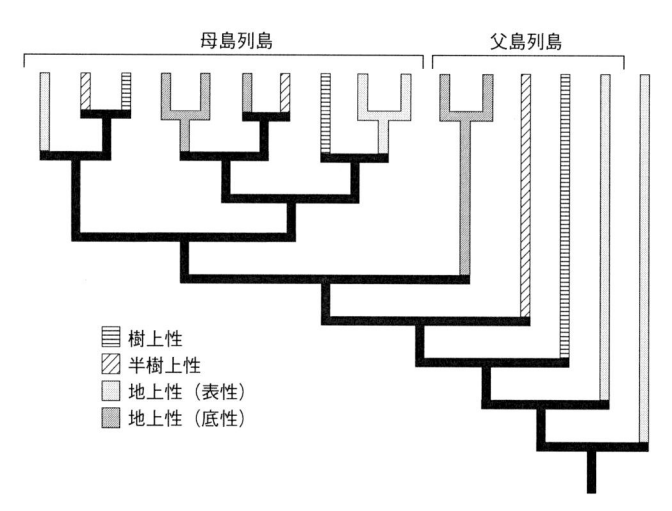

図3.15 カタマイマイ属陸貝の樹上性，半樹上性，地上性（表性），地上性（底性）の反復適応放散．Losos（2010）より引用．

に住み（地上性）落葉層の表面を好むもの，地上に住み落葉層の下層を好むものという，生活様式と形態を異にする種の組み合わせからなっており，この生態型の分化は異なる系統で独立に繰り返し起きたことが知られている（図 3.15：Chiba 1999）．

　なぜこのような平行的な適応放散が繰り返し起こるのか，その理由はよくわかっていない．またこのようなタイプの適応放散の事例が少ない理由も明らかではない．ただ，反復適応放散が起こるのは，まず限られた地域（島や湖）であること，そして単一の系統の急速な放散に限定されることから考えて，環境が同じなら同じ方向に変化が進みやすいというような，系統に固有の生態的，形態的分化の方向性が存在する可能性が示唆される．このような変化に対する系統的制約がどれだけニッチ利用や表現型の多様化に関与しているかは明らかでないが，制約の発生学的な機構が調べられることによって，この問題が解明されるかもしれない．その意味で反復適応放散の現象は，生態学と発生学という従来あまり接点のなかった研究領域の協力によって機構の解明を目指すモデルケースになりうる可能性をもっている．

第 II 部
種の多様性

第 4 章　種多様性の維持機構とパターン

　ある地域の生物群集が，他の地域に比べ高い種多様性をもっていた場合，その違いをもたらしている原因は何だろうか．多くの種が共存し，種の多様性を高めるのに寄与しているプロセスとして古くから多くの生態学者に支持されてきた考えが，ニッチ分割のモデルである．このモデルでは，異なる種が異なるニッチを利用することによって種間競争を回避し，多種の共存が可能になると考える．しかしこの過程は，資源量に限界があり，密度依存的な調節機構が働く平衡状態でないと機能しない．つまり資源に余剰があり，個体密度が非平衡な群集では，成り立たない．そこで，捕食や撹乱によって頻繁に個体数が減少したり，分布のパッチ構造によって個体密度に偏りができるような非平衡的なプロセスを組み込んだモデルが提案されてきた．こうしたモデルは，特に個体数の変動や種構成の決定要因として，偶然性を重視する．そのもっとも単純なものが，種多様性のパターンのほとんどを偶然性だけで説明しようとする中立モデルである．特にHubbellによって提案された，最小の説明変数のもとで，ランダムなプロセスによりさまざまな種多様性のパターンを統一的に説明しようと試みるモデルは，**種多様性の中立理論**（Neutral theory）と呼ばれる（Hubbell 2001）．このモデルは，最小の仮定（確率過程）を置くだけで，多くのパターンが説明できるとする考えが根底にある．中立モデルには他にも，種多様性が示す地理的なパターンをランダムなプロセスだけで説明しようとするモデルがあり，決定論的なプロセスを重視する立場と対立を生んでいる．しかし，確率論的なプロセスと決定論的なプロセスは，ともに群集の種構成や種多様性パターンの形成に関わっていると考えるのが自然である．むしろ群集を構成する分類群の違いや，群集の性質，観察する空間スケールの違いなどによって，両者の相対的な重要性が変わると考えたほうが妥当かもしれない．この関係は集団レベルの遺伝的変異（遺伝的多様性）

の決定に，確率的なプロセスとして遺伝的浮動が，また決定論的なプロセスとして自然選択が関わり，状況によりその重要性が変わることと似ている．また，こうした中立モデルを帰無仮説として位置づけることも可能であり，必ずしもニッチ分割のモデルなど種間相互作用を重視するモデルと対立するモデルと考える必要はない．

ここではまず，想定すべき要因がもっとも少なく，もっとも単純なモデルとして中立モデルについて説明する．次に中立モデルでは説明できないパターンや現象の存在があることを踏まえ，古典的なニッチ理論やそれに攪乱，捕食，共生関係などの効果を考慮した理論による種多様性の維持機構について説明する．そして実際に観察される種多様性のパターンがどのような要因により説明できるか解説する．

4.1 種多様性の概念

種の多様性を表す概念には，**種の豊富さ**（species richness）と**種の均等度**（species evenness）がある．種の豊富さの指標は種数である．また種の均等度とは，それぞれの種がどれだけ同じ割合で存在するかを表わす．種の多様性を定量的に表現する場合，種の豊富さと均等度の両方を考慮した尺度を用いることが多い．このような種多様性を表す代表的な指標として，**シンプソン指数**（Simpson index）と**シャノン指数**（Shannon index）がある．ある群集における出現種の全個体数に占める種iの個体数の割合をP_iとし，出現種数をSとすると，シンプソン指数は，

$$D = 1 - \sum_{i=1}^{S} P_i^2$$

として求めることができる．またシャノン指数は，

$$H' = -\sum_{i=1}^{S} P_i \log_2 P_i$$

として求められる．

種多様性は対象とする空間スケールによって3つに区別される．複数の地域があるとき，それぞれの地域内で観察される種多様性をα **多様性**（アルファ）と呼び，すべての

地域を合わせた全体の種多様性を **γ多様性**と呼ぶ．さらに地域間の種組成の違いを示す種多様性を **β多様性**と呼ぶ．

これと同様な空間スケールの違いは，群集の性質を考えるうえでも重要になる．たとえば，森林のパッチや一つの池の群集というように，小さな空間スケールで認められる群集を局所群集と呼ぶ．これらの局所群集間で種の移入や移出が可能な場合，これら局所群集の集まりを**メタ群集**（metacommunity）と呼ぶ．また局所群集に種を供給する群集を**種プール**（species pool）と呼ぶ．たとえば大陸とそれに近接した島があるとき，島の群集は，種プールである大陸の群集から移住してきた種で構成されることになる．

4.2　種多様性の中立モデル

もっとも単純なケースとして，食物連鎖の同じ栄養段階に属する種のみから構成される局所群集を考えよう．出生率や死亡率，移入率に種間で差がないものとし，局所群集が存在する空間内の総個体数は一定であると仮定する．複数の局所群集の間に個体の移住があり，それをまとめてメタ群集ないし種プールと考える．

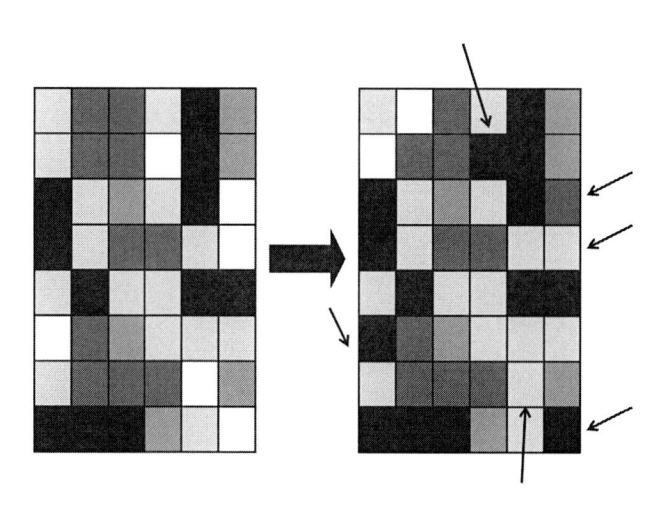

図 4.1　空間とパッチおよびそれぞれのパッチを占める個体の模式図．濃度の違いは異なる種を表す．白は空きパッチ．ある種の個体の死亡によって空いたパッチは，別の個体によって必ず占められるが，それがどの種の個体で占められるかは，完全にランダムに決まる．

種の各個体は一定の確率で死亡し，各個体が占めていた空間（パッチ）は，死亡したとき，他個体の子供に置き換わる．ただし空間を占拠する能力に種間で優劣がないとする．すなわち，ある種の個体の死亡によって空いたパッチは，別の個体によって必ず占められるが，それがどの種の個体で占められるかは，完全にランダムに決まるとする（図4.1）．この中立理論（Hubbell 2001）の仮定のもとで，種の多様性がどのように決まるのか，また種の多様性にどのようなパターンが生じるのかを考える．

(1) 生態的浮動と移住の効果

　局所群集に種プールからの個体の移住がまったくない場合，確率的な種の置き代わりが起こるため，非常に長い時間の後には，理論上どの局所群集も1種だけで占められることになる．これは第1章の集団の遺伝的変異に対する遺伝的浮動と，本質的には同じ確率過程によるものである．そのため局所群集の種構成に生じるこの確率的な変化は，**生態的浮動**（ecological drift）と呼ばれる（Hubbell 2001）．局所群集を構成する種の総個体数が小さいほど，この効果は強く働くことになる．

　このように種プールからの移住がない場合には，局所群集の種多様性（α多様性）は確率過程により最小になる．もし，種プールから一定の割合で個体の移住がある場合には，局所群集の種数は，種プールからの移住によって増加する種の割合と，生態的浮動によって失われる種の割合のバランスによって決まることになる．当然，移住率が高ければ，局所群集の種多様性は高くなる．一方，局所群集の総個体数が少ない，あるいは個体の置き換わり率が大きいなどの理由で，種が局所群集から絶滅する率が高ければ，局所群集の種多様性は低くなる．これはMacArthur & Wilson（1967）による古典的な島の生物地理学の理論のなかで，移住と絶滅の平衡モデルとして知られるものを一般化したものである（図4.2）．この島のモデルでは，小さな島では大きな島より絶滅率が大きいため，平衡種数は低くなり，また大陸からより遠い島では，移住率が低くなるため，平衡種数はより低くなる．島の面積はその局所群集の大きさ，すなわち総個体数に比例すると仮定しているので，島のモデルは，上記の中立理論と対応するものになっている．ただし，MacArthur & Wilsonは種間の中立性を前提としたのに対し，Hubbellの中立理論では種間，種内を問わず，個体間の中立性を重視する点が異なる．

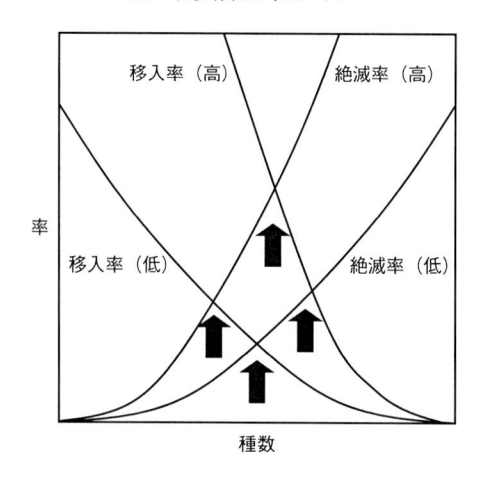

図 **4.2** 平衡種数モデル．移入と絶滅の平衡で種数が決まる．

　一方，局所群集間の種構成の違いを表す β 多様性はどうなるだろうか．局所群集のなかで，どの種が優占するかは確率的に決まるため，移住率が低い場合には，局所群集間の種構成の違いである β 多様性は最大となる．一方，移住率が高い場合には，局所群集の種構成はどれも種プールの種構成を反映したものになるので，β 多様性は小さくなる．種プールが無限に大きければ，メタ群集の種多様性は移住率によらず常に一定となるはずだが，種プールの大きさが有限な場合には，ある程度の生態的浮動の影響を受けるため，移住率が十分大きくても，メタ群集全体の種多様性は低下する．この場合には，移住率が低い場合のほうがメタ群集の種多様性（γ 多様性）は高くなる．なぜなら移住率が低ければ，生態的浮動により局所集団ごとにランダムに異なる種が優占するため，メタ群集全体としては多くの種が含まれることになるからである．以上の移住率と種多様性の関係をまとめると，表 4.1 のようになる．このように単純な確率過程だけを考慮したモデルでも，空間スケールの違いによって，観察される種多様性の大きさとそれに影響

表 **4.1** 中立理論のもとで予測される移住率と種多様性の関係．空間スケールによってパターンが異なる．

	局所群集地域	メタ群集全体
移住率　高	種多様性　高	種多様性　低い
移住率　低	種多様性　低	種多様性　高

(2) 種分化の効果

　より長い時間スケールを考慮した場合には，種分化率が種多様性のレベルに影響することになる．移住率の代わりに種分化率を導入すると，局所群集の種数は，生態的浮動による種の絶滅と，種分化によって供給される種の増加のバランスによって決まることになる．種分化率が高くなれば，局所群集の種多様性は高くなる．これは第1章で説明された遺伝的浮動によって失われる変異と，突然変異によって供給される変異のバランスで，集団の遺伝的変異のレベルが決定されるモデルに対応するものである．群集の中立理論では，突然変異に相当するのが，種分化である．Hubbell（2001）は，種多様性のレベルを記述する指数として θ という指標を導入したが，これは

$$\theta = 2Jv \quad （J：メタ群集のサイズ（総個体数），v：種分化率）$$

により得られる値である．この指数は，集団の遺伝的多様性のレベルでは，平均ヘテロ接合度に対応する．式の形式は両者で異なるものの（第1章参照），有効集団サイズに対応するものとして群集サイズが導入されており，突然変異率が十分小さいときには，両者はほぼ同一の関係を表す式に近似できる．このように中立理論を導入することにより，集団の遺伝的多様性のレベルと，群集の種多様性のレベルは，共通のモデルで統一的に扱うことが可能である．

(3) 中立理論と種数

　生物のそれぞれの種ごとに個体数を調べ，その大小によって種をランクに分け，個体数ランクとそのランクに属する種の個体数関係をみると，片対数グラフに示した場合，図4.3のような右肩下がりの曲線が得られる．この優占度-多様度曲線は，さまざまな分類群（樹木，鳥類，昆虫類，潮間帯の生物など）で，共通に認められる．

　Hubbellらは北米グレートスモーキー山脈から，コスタリカ，南米アマゾンまでの4つの調査区で，そこに生息する植物をすべて記録し，その優占度-多様度曲線を求めた（Hubbell 1979）．次に上記の中立モデルを用いて，同じ調査区の植物について優占度-多様度曲線を計算機シミュレーションによって求めたところ，現

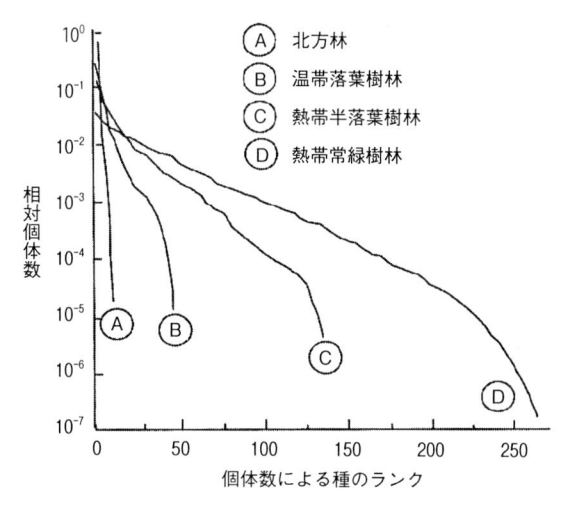

図 4.3 個体数による種のランクとそれぞれのランクの個体数（相対密度）の関係を示す優占度-多様度曲線. Hubbell (2001) より引用.

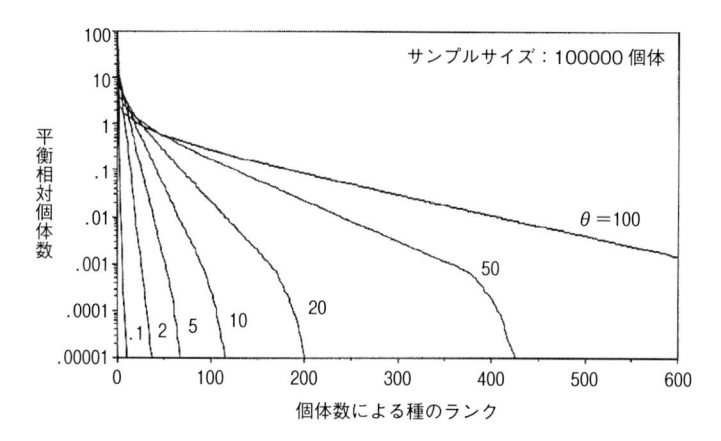

図 4.4 中立理論によって得られた優占度-多様度曲線. 指数 θ の意味は本文を参照. Hubbell (2001) より引用.

実の曲線と非常によく一致する曲線が得られた（図 4.4：Hubbell 2001）．このことは，種ごとの住み場所の違いや，環境の異質性を考慮しなくても，種の多様性と個体数分布の関係はランダムな過程で説明できることを示している．

たとえば，もし種分化率が高く，局所群集のサイズが大きければ，中立理論によって記述される優占度-多様度曲線は傾きの小さい曲線となり，一方，種分化率

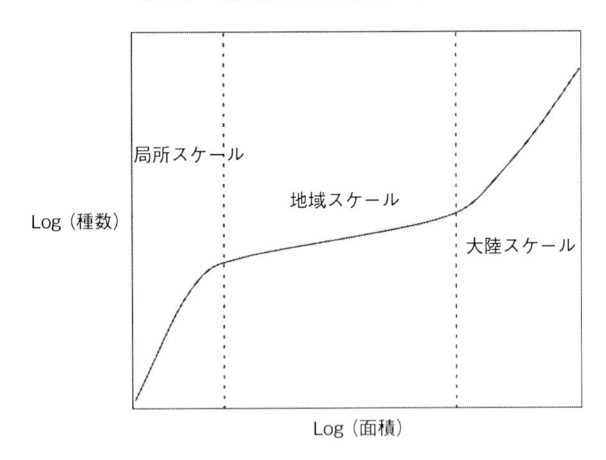

図 4.5 空間スケールごとに異なる面積-種数関係. Hubbell（2001）より引用.

が低く，局所群集のサイズが小さければ，優占度-多様度曲線は傾きの大きい曲線となる．これは種多様性の高い熱帯雨林から種多様性の低い亜寒帯林など，実際の優占度-多様度曲線の特徴とよく一致している（図4.4）．このことは，熱帯雨林の生物の一般的な特徴として知られる，種数は多いが1種あたりの個体数は非常に少ない，という特徴が，種間競争の強さなどの種間相互作用の効果を考えなくても，単純な中立理論で説明できることを示している．すなわち，この特徴は，種分化率が同じなら，群集のバイオマスが大きい（個体数の総数が多い）という性質だけで，出現しうるのである．

中立理論では，生息地の面積がそこに成立する群集の総個体数を決めるため，上記と同じモデルで面積と種数の関係を記述することができる．生息地の面積（A）とそこに住む生物の種数（S）の間には，一般に $S = aA^z$ の関係（べき乗則）があることが知られている（MacArthur & Wilson 1967）．しかし，より厳密には面積の小さい領域と大きい領域で，べき指数が大きくなる（Rosenzweig 1995）．つまり両対数グラフにプロットすると，両者の関係はS字状の曲線になる（図4.5）．この関係は，従来のニッチ理論を中心としたモデルでは説明できなかったが，中立理論に基づくシミュレーションでは記述することができる（Hubbell 2001）．

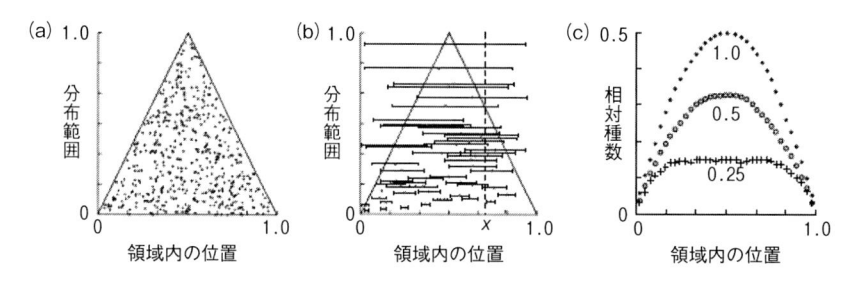

図 4.6 中領域効果を表す概念図.(a)と(b)は,横軸が領域内の位置,縦軸は種ごとの分布範囲の広さ.(a)領域内における種の分布域の中央の位置と分布範囲の広さの関係.分布範囲の広い種ほど種数が減り,領域の中央部に分布が限られる.(b)領域内の種の分布領域と分布範囲の広さ.横軸における横線の位置が,種の分布する領域.線の長さが横軸の分布範囲の広さに対応する.(c)領域内の位置(横軸)とその位置に分布する種数.数字は種の最大の分布範囲.分布の広い種では,効果が強く現れることがわかる.Colwell & Lees(2000)より引用.

(4) 種多様性の地理的分布

　優占度-多様度曲線は局所的な種多様性のパターンだが,より大きな空間スケールの種多様性のパターンも,偶然の効果だけを考慮した中立的なモデルで説明することができる場合がある.たとえば,限定された地域の中に,ランダムな大きさの分布域をもつ種が,ランダムに分布する場合,分布のランダムさだけの効果によって,種多様性の分布に偏りが生じる.図 4.6 に示したように,限定された空間では,その中心付近で種の分布域の重複が必然的に増えるため,中心付近の種多様性が周縁部の種多様性より高くなるという地理的パターンが生じる.この現象は,特に**中領域効果**(mid-domain effect)と呼ばれる(Colwell & Hurtt 1994, Colwell & Lees 2000).

　種多様性の地理的パターンには,環境傾度に沿って種多様性が変化する例が多く知られているが,特にその中央部で種多様性が最大になるパターンが多い.たとえば,昆虫や,小型の哺乳類などでは,山の標高に沿った種多様性の変化には,低標高,高標高の地点でいずれも低く,ちょうど中間の標高で,もっとも高くなるというパターンが見られることがある(Goodman & Rasolonandrasana 2001, Rickart 2001).こうしたパターンは,何らかの環境要因を考えなくても,ランダムな分布の効果だけを想定した中領域効果だけで説明できることがある(McCain 2004).たとえばマダガスカルの昆虫,両生類,爬虫類,鳥類や哺乳類の種数の島内における地理的分布パターンは,中領域効果で多くの部分がよく説明できるという(Lee et al. 1999, Colwell & Lees 2000, Lee & Colwell 2007:図 4.7).

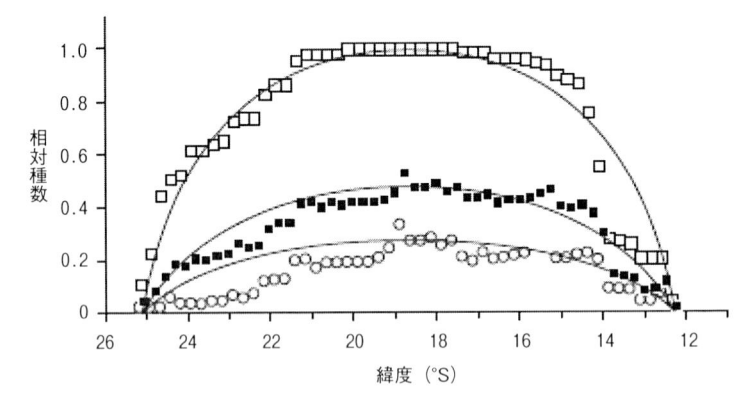

図 4.7 マダガスカルにおける昆虫，両生類，爬虫類，鳥類や哺乳類の種数の緯度との関係．プロットは野外データ．曲線は中領域効果によって予測される種数．■：すべての種，□：最小でも全体の半分以上の領域に分布している種のみ，○：最大でも全体の半分以下にしか分布していない種．Colwell & Lees（2000）より引用．

(5) 中立モデルの妥当性

　種多様性のパターンは，個々の種（あるいは個体）の単なる偶然のプロセスの積み上げによって生じる，という主張が中立モデルの根幹をなす部分である．実際に観察される種多様性のパターンが，中立モデルで説明できるケースはいくつか知られている．たとえば北米の河川の魚類群集では，河川のネットワーク状の景観構造と，分散，生息域の大きさを考慮した中立的なモデルで，水系全域の魚類の種多様性のパターンを説明できることが分かっている（Muneepeerakul et al. 2008）．また従来の中立理論は，種分化を突然変異のように生じるものとして単純化しているが，これを有性生殖，突然変異，分散などの要因を考慮してより現実的にしたモデルのもとで計算機シミュレーションを行うと，優占度-多様度曲線や，S字状の面積種数関係など，さまざまな現実の種多様性パターンと一致するパターンが得られる（de Aguiar et al. 2009）

　しかし一方で，中立モデルでは説明できない事例も多い．たとえば中立理論では移住が局所群集の種多様性を決めるもっとも重要な要因となるため，環境要因よりも局所群集間の地理的な距離が種多様性のパターンの形成に強く関与するはずである．このことを植物で調べた研究では，種多様性のパターンに対して，環境要因のほうが地理的距離よりも強く影響していることを明らかにしている（Gilbert & Lechowicz 2004）．また島のチョウ群集の種多様性パターンを調べた

研究では，資源量の空間分布が局所群集の種多様性の決定要因としてもっとも重要であり，中立理論よりもニッチ理論へのよい当てはまりを示した（Yamamoto et al. 2007）．熱帯雨林の植物の研究でも，隣接する個体の生態的特性が等しいという中立理論の仮定はあてはまらないという結果が得られている（Stoll & Newbery 2005）．さらに，実際に存在するニッチ次元は，我々が検出できるものよりはるかに高次元であり，このような高次元のニッチ空間を考慮すれば，これまで検出されたランダムにみえる動態は実はランダムではなく，中立理論ではなくニッチ理論ですべて説明できる，という考えもある（Clark et al. 2007）．また中立理論への当てはまりの良さは空間スケールに依存し，より大きな空間スケールでは中立理論の予測にあてはまるという指摘がある（Condit et al. 2002）．

種のランダムな分布により種多様性の地理的パターンを説明する中領域効果に対しても，批判は多い．たとえば，緯度勾配や標高に対する種多様性の地理的パターン（勾配の中央部で種多様性が最大になるパターン）について，広範なデータを用いてメタ解析を行った結果によると，ほとんどのケースで種多様性の地理的パターンは環境要因の影響を受けており，中領域効果だけで説明できるケースはごくわずかしかないという（Currie & Kerr 2008）．しかし，偶然性は検出が困難な一方，偶然性が関与していないことを示すのも難しい．一般的に地理的なパターンの形成に，偶然性が関わっていないとは考えにくい．したがって，決定論的な要因が果たしている効果との相対的な重要性によって評価されるべきである．つまり中立モデルは，決定論的な要因を考慮したモデルの妥当性を検討するための帰無仮説としての役割をもっているとみることもできる．

4.3　種間相互作用と多種共存

　群集の種構成や共存する種の多様性は，中立モデルが想定する確率論的なプロセスによって決まる部分と，それぞれの種の特性や種間の相互作用による決定論的なプロセスによって決まる部分があると考えられる．そこでまず，決定論的なプロセスの代表的なものであり，もっとも古典的で長い間多くの生態学者に支持されてきたニッチ理論について触れる．しかし，ニッチ理論だけでは説明しきれない種の共存パターンや種多様性のパターンが存在する．たとえば，よく似た生

活史や生態的特性をもつ種が共存する例が数多く知られており，それらを説明するためのモデルが提案されてきた．環境の物理的撹乱や，捕食者の効果により群集が非平衡な条件に置かれることが，種の共存に関わっていることが示されるようになった．中立モデルでは，種構成や種多様性はランダムな要因だけで決まると仮定するが，この場合，ランダムな変化のもとでの競争の優劣の効果を重視する．また個体群や資源の分布の不均質な空間構造や，捕食者を介した間接効果，共生的な種間相互作用のような効果が，多種の共存に関係していることが分かっている．ここでは，こうした多様な種間相互作用が種多様性の維持に与える影響について紹介する．

(1) ニッチ理論

群集において多種が共存する機構を説明する理論の基礎となってきたのが，ニッチ理論，特に MacArthur & Levins（1967）の，**ニッチ類似限界説**（the theory of limiting similarity）である．このモデルでは，群集における資源の供給量と消費量がほぼ等しい平衡状態を仮定する．そして共存する種間で資源をめぐって競争があり，ニッチの重複の度合いが，種間競争の強さを反映すると考える．この場合，複数種が安定に共存するためには，資源利用が種間で十分異なっている必要がある（図4.8）．ニッチ理論のもとでは多種の共存は以下のような条件のもとで維持される．

①環境の異質性が高く，多様な資源がある
②種のニッチ利用への特殊化が進んでいる
③種間の競争が弱い

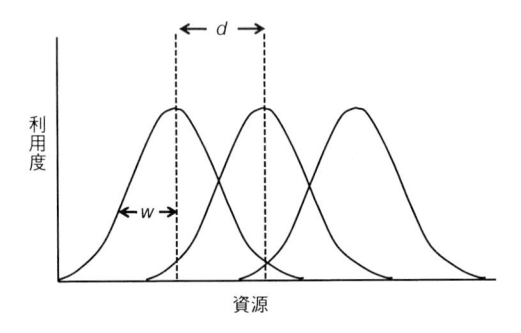

図4.8 資源利用とその類似限界のモデル（MacArthur & Levins 1967）．共存するためには d/w が十分大きい必要がある．

資源分割が起きるためには，種がもつ性質に，どの資源に対しても有利になるような性質はないという仮定が必要になる．つまり，ある資源に対して利用効率を高める性質は，別の資源の利用に対して効率を下げるようなトレードオフの関係が存在する必要がある．

共存する種間でニッチ重複が小さくなっている事例は，多数報告されている．特に西インド諸島のアノールトカゲでは，野外での種間競争による共存種間のニッチ分割の様式が長年にわたって詳細に調べられてきた．餌や住み場所をめぐる種間競争の強さが調べられるとともに，種間競争によって資源利用のパターンが変化することなどが，操作実験により確認されている．これらのトカゲでは，住み場所ごとに最適となる足の長さや，体長などが異なるため，異なる住み場所の利用に関係した形質に，トレードオフが存在している（Losos 1990）．

ニッチ理論の重要な仮定であるトレードオフの例として，競争と分散のトレードオフが知られている．たとえば，①種間競争において劣位な種は，優位な種に比べて移動分散能力に秀でている，という傾向（Tilman 1994, Young et al. 2001）や，②劣位な種は，優位な種に比べて不安定な環境により適応している，というような傾向（Tilman 1990, Pacala & Rees 1998）がある場合である．①の場合は，定期的に利用されていない空きパッチができるような場合，移住能力に優れた種がそのパッチを占めるが，後に移動能力には劣るが競争において有利な種がそれを置き換える．②の場合，競争に強い種は不安定なパッチに定住できないため，安定なパッチを占めるがそれ以外には移住できない．このモデルに対しては，実際にトレードオフが実証される例が少ないことや，種間での競争能力の違いに厳密なヒエラルキーが必要とされることから，批判的な見解も多く，むしろ分散能力と産子数のトレードオフのほうが重要だというモデルもある（Yu & Wilson 2001）．しかしトレードオフが極端に厳しくなければ，広い条件でこのプロセスにより共存が起こりうることが示されている（Calcagno et al. 2006）．植物では，種子サイズの大きさが，競争係数には正の，また分散能力には負の相関を示し，この理由により種子サイズの異なる種が共存できることが示されている（Turnbull et al. 2004）．南米に分布するジュズヒゲアリの1種（*Allomerus octoarticulatus demerarae*）や，アステカアリ（*Azteca* spp）の種群は，アリ植物であるアリノフクロギ（*Cordia nodosa*）と共生関係をもち，その中にコロニーを形成する．ジュズヒゲアリはアステカアリよりも競争に強いが，分散能力に劣るため，アリノフ

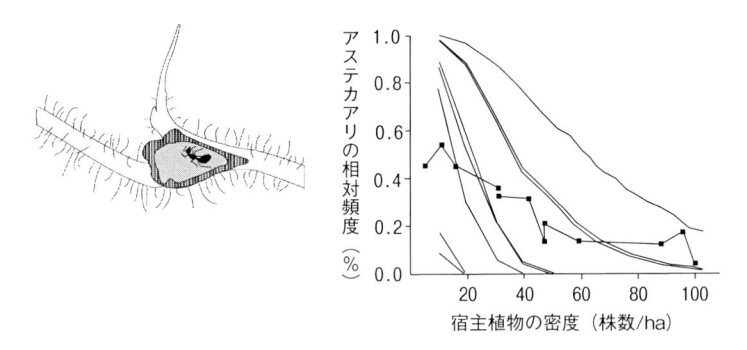

図 4.9 アリ植物の密度とそれを宿主にするアステカアリの密度．Douglas et al.（2001）を改変．

クロギの密度が低く，アリにとって宿主に移住しにくい地域ではアステカアリが優占するが，アリノフクロギの密度が高い地域ではジュズヒゲアリが優占する（図4.9）．これらの種の共存には，競争と移住のトレードオフが関与していると考えられるが，さらに移住と産児数のトレードオフも，これらの種の安定な共存に大きな役割を果たしていることが示されている（Yu et al. 2004）

(2) 非平衡群集と不均質性

　野外の群集で実際にニッチ理論が想定するような状況，つまり種間競争によって共存が困難になるような状況はどれだけ一般的なのか．この問題は，ニッチ理論が成立してから間もなく論争の的になった．また種間競争自体，どれだけ野外で強く働いているのかという点についても議論が起きた．たとえば，野外では種間競争があまり卓越しない状況下で種が共存していることが示されるなど（Strong 1986），ニッチ理論の仮定するような平衡群集ではなく，密度効果から開放された非平衡な群集として存在しているという指摘がなされるようになった．この視点に基づいて，非平衡な条件下での種の共存のメカニズムについての理論が発展してきた．個体数を減少させ，密度効果を抑えるメカニズムとして，①捕食者の効果，②環境の物理的撹乱の効果，③空間構造，④個体数変動などが考えられる．

　このような非平衡群集における種の共存機構を示した古典的な研究として，磯の潮間帯群集における上位捕食者（ヒトデ）による**トップダウン効果**があげられる（Paine 1966）．この例ではヒトデの捕食により，下位の栄養段階の種の個体密

度が低下することにより，競争排除の効果が抑えられ，多種の共存が可能になっていた．この場合のように，捕食者を介した間接効果により，競争関係にある多種の共存が可能になることがある．

熱帯雨林やサンゴ礁には，同じ環境に生息し，同じニッチを占めると考えられる多くの種が共存している．このような種の密度効果を抑制し，異なる種の共存を可能にするプロセスとして想定されたのが，環境の物理的撹乱の効果である（Connell 1978）．このプロセスでは，撹乱が極端に強い場合には，種が安定して存続できず，種多様性は低くなる．一方，撹乱のない安定な環境では，密度効果が働き，種間競争により劣位な種が排除されるため，種多様性はやはり低下する．その結果，種多様性は中間的な撹乱のレベルの環境で最大になると予想される（図4.10）．この仮説を**中規模撹乱説**（intermediate disturbance hypothesis）と呼ぶ（Connell 1978, 1979a, Huston 1994）．たとえばサンゴ礁では，台風により頻繁に撹乱を受けるが，もっとも高い種の多様性が認められるのは，台風の影響をもっとも受けにくい場所ではなく，ある程度影響を受けて撹乱される場所であった（Connell 1979b）．撹乱の強さは，インパクトの強さだけでなく，撹乱が継続する時間の長さや，撹乱イベントの頻度でも同様の効果を示す（図4.11）．また，先ほど述べた捕食の効果も物理的撹乱と同様の効果をもつ．撹乱によって競争排除の効果が緩和されるだけでなく，競争と移住のトレードオフがあることも，中間の撹乱レベルの環境で，種多様性が最大になることの要因とされている．適度な撹乱がある場合には，撹乱された環境に速やかに侵入する能力にたけた種と，そ

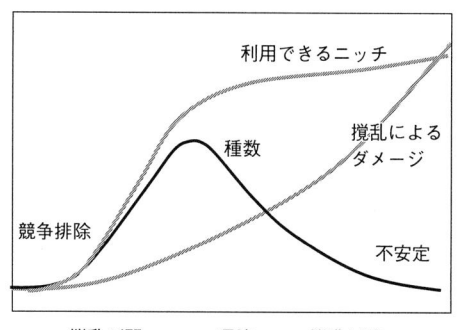

図 4.10 環境の撹乱のレベルの違いによる，種へのダメージの大きさと利用可能な空きニッチの数，競争排除の効果，種数の関係．

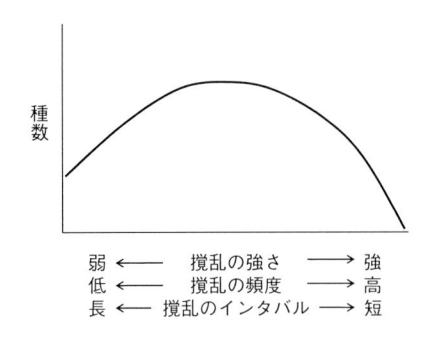

図 4.11 中規模攪乱説のもとでの種数と攪乱のレベルの関係．Huston（1994）を改変．

の種に置き換わる競争能力に勝る種がともに存在できるので，種多様性が高まる．

　これまで中規模攪乱説は，野外調査または操作実験を用いた多数の研究により検証が試みられてきた．また生産性など，他の環境要因が変化することによって，攪乱が与える種多様性への影響がどのように変化するかという点についても，研究が進められてきた（Kondoh 2001, Cardinale et al. 2006）．最近では中規模攪乱説は，異なるプロセスにより生じる多様性のパターンとして，従来より広い視点でとらえられるようになっている．なぜなら中規模の攪乱が多種の共存を可能にするメカニズムには，実際には同じ効果をもたらす別のメカニズム，たとえば後述のストレージ効果や，競争の強さの変化に対する個体群の非線形な反応の効果などが含まれているからである（Roxburgh et al. 2004, Shea et al. 2004）．

　上記の非平衡群集の共存機構では，資源量が変動することによって，種間競争の効果が弱められる，という点に注目している．一方，このような変動がなくても，資源量や種の空間分布や，個体群動態に不均一性があれば，競争排除の効果が抑制され，種の共存が可能になる．食菌性の昆虫類のように，一時的に同種の個体が資源である同じキノコのパッチに集中するような場合を考えよう．この場合，同じキノコをめぐって種内競争が著しく強くなる一方，他にはその種の個体が集まっていないキノコのパッチがあり，そこには他の種の個体が集中することになる．その結果，種内競争の強さが種間競争の強さを上回り，同じ種類のキノコを餌とする異なる種の食菌性昆虫が共存できることになる．このように生息場所や資源分布にパッチ上の空間構造がある場合には，それぞれの種が独立に集中分布するため，多種の共存が可能になっている（Ives & May 1985, Sota et al. 1994, Sevenster & van Alphen 1996）．これとよく似た多種共存のメカニズムが，

植物のように自力で移動，分散できない生物種で想定されている．植物ではほとんどの種子が長距離に散布されないため，親個体の近隣に同種個体が集中して生育することになる．そのため種内競争が種間競争より強くなり，異なる種の共存が可能になる（Pacala 1997, Murrell et al. 2001, Raventós et al. 2010）．このような資源分布や個体分布にみられる空間構造の不均質性は，多種が共存する有力なメカニズムであると考えられる．

種にとって劣悪な環境と好適な環境が繰り返すような環境変動があり，それぞれの種が環境に対して固有の応答を示す場合にも多くの種の共存が可能になる．例として，良い環境条件のときには個体群密度が高まるが，劣悪な条件のときには少数個体がその環境に耐えて劣悪な時期をやり過ごすような場合が挙げられる．これを**ストレージ効果**（storage effect）と呼ぶ（Chesson & Warner 1981, Chesson 1994）．湖沼に生息するミジンコでは，環境が悪化すると休眠卵を生産する．休眠卵は堆積物中で劣悪な環境の時期を過ごし，環境が回復すると孵化する．2種の互いに競争関係にあるミジンコでも，それぞれが休眠卵を形成する条件が異なるので，劣悪な環境と好適な環境の繰り返しにより共存することができる（Cáceres 1997）．プランクトン幼生を放出する沿岸の固着性の動物や種子を生産する植物でも，種間で新規加入が起こる環境条件が異なる場合には，同様な効果によって，異なる種の共存が可能になる（Chesson et al. 2004）．

(3) 種間相互作用のネットワーク

非平衡群集の共存メカニズムの様式として示されたように，捕食は異なる種の共存をもたらす重要な働きをする．捕食者を介した間接効果は，直接の競争関係にない別の種に対し，**見かけの競争**（apparent competition）（共通の捕食者の存在により，ある餌種が，それと直接の競争関係にない他の餌種の密度に影響を及ぼすこと）により影響を与え絶滅させることがある一方，直接の競争関係にある種間で競争排除の効果を緩和し，共存を可能にすることがある．このように競争とは異なる種間相互作用によって，同じ資源や住み場所を利用する種の共存が促進されることがある．

たとえば，捕食者が餌の得やすさに応じてスイッチングするときには，頻度依存的な捕食の効果によって，優位な種が選択的に捕食されることにより，劣位な種も存続することができる（Abrams & Matsuda 1996）．前述のヒトデの捕食に

よる多種共存の例（Paine 1966）では，捕食者が種間競争においてもっとも優位なイガイを常に選択的に捕食することで，劣位の種が共存できたのに対し，この場合には，捕食者が餌として利用する種を密度に応じて変えることにより，密度の低い種が有利となり共存できる．また，被食者が捕食者の攻撃の変化に対し，防御行動を変化させる場合には，同じ餌を利用する複数種の捕食者の共存が促進される．被食者が，特定の捕食者の攻撃に対し防御行動を高めることによって，別の捕食者からの攻撃に対し防御力が下がり，他の種の捕食者がその被食者を攻撃しやすくなるような場合である（Matsuda et al. 1993）．たとえばアフリカのタンガニーカ湖に住むスケールイーター（鱗食魚）は，他の魚の鱗をはぎ取って食べるが，種によって異なる攻撃の仕方をとることが知られている（Hori 1987）．ある種は，獲物に中層からそのまま忍び寄り攻撃するが，別の種は湖底沿いに忍び寄り，遠くから攻撃する．この2種がどちらも近くにいる場合，襲われる魚はどちらか一方の種の攻撃への警戒に集中できないため，同じ資源を利用しているにも関わらず，2種共存している場合のほうが，単独でいるより，それぞれの攻撃成功率を高めることができる（Hori 1987）．このように捕食者や被食者の行動の変化による，負の頻度依存的な効果により，異なる被食者の種，または異なる捕食者の種が共存できる．またこれらの例が示すように，競争関係にある種間で相利共生関係ないし協調行動を示すことは，競争排除の効果を緩和し，多種の共存を促進すると考えられる（Zhang 2003）．

　相利共生的な種間相互作用は複数の種の共存を促進するプロセスであり，種多様性を高める重要な種間関係である．たとえば植物は多数のポリネータと複雑な関係を築き，安定なネットワーク構造を発達させることにより，多種が共存している（Bascompte & Jordano 2007）．植物とポリネータの共生関係のネットワーク構造には，**ネスト構造**という性質が一般的に存在している（Bascompte et al. 2003）．ネスト構造をもつネットワークとは，スペシャリストの送粉者はジェネラリストの植物種を訪花し，ジェネラリストの送粉者はスペシャリストの植物種も訪花するというような性質をもつネットワークのことである（図4.12）．このようなネスト構造はポリネータ間または植物種間の種間競争を緩和し，より多くの種の共存をもたらすことができることが知られている（Bastolla et al. 2009）．新しい種がネットワークに参加する場合，ジェネラリストとして参加する場合が最も種間競争による負の影響を受けにくく，参加に成功しやすい．そのため，ネッ

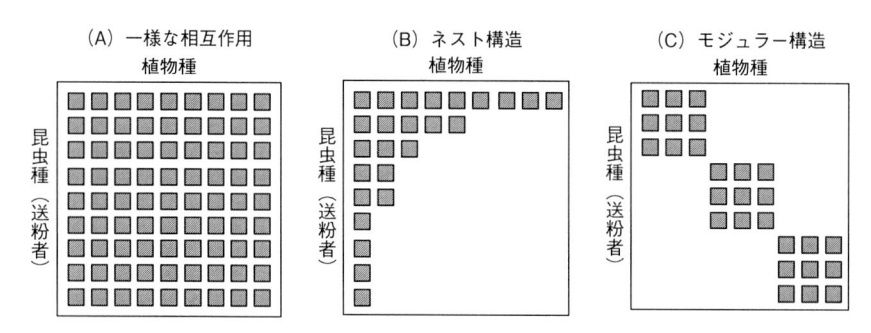

(A) 一様な相互作用　　　(B) ネスト構造　　　(C) モジュラー構造

図 4.12 植物と送粉昆虫の共生関係の構造．縦軸と横軸はそれぞれ昆虫と植物の異なる種を表す（この場合それぞれ9種）．四角はそれぞれの昆虫種と植物種に共生関係があることを示す．

トワークには常にジェネラリストが新しく加わる．これは送粉者も受粉者も同じである．そののち進化の過程でこれらのジェネラリストはスペシャリストになるが，スペシャリスト同士の共生関係は，一方の絶滅が他方の絶滅をもたらすので長期の存続が難しい．このため共生ネットワークの構成種が増えていくとともに，このようなネスト構造ができあがるのだと考えられる（Bastolla et al. 2009）．こうした種間関係のネットワーク構造が種多様性にどのように関わっているのかという問題は，ネットワーク構造の安定性の問題とも関連して，非常に興味のもたれる課題である．

4.4　種多様性のパターン

　種多様性は，地域や環境によって異なり，空間的なパターンが認められる．これらはなんらかの環境ないし生物学的要因と関連をもっている場合があり，種多様性がどのような要因によって制御されているかを知る手がかりになる．

　種多様性に地域で違いをもたらす要因には，大きく分けて，確率過程，環境要因，歴史的要因がある．確率過程はランダムな要因だけで，空間的な種多様性のパターンを作り出す．環境要因には生物学的過程と非生物学的過程をあわせて，①競争，②捕食，③面積，④環境の異質性，⑤生産性（エネルギー量），⑥安定性，⑦エネルギー代謝，などがある．

(1) 生産性と種多様性

　温度，降水量，生産性，撹乱の大きさなどの環境要因には，一般にさまざまなレベルで地理的な違いがみられる．このような環境要因の変化とともに，種多様性に変化が認められることがある．特に，生産性や撹乱の大きさと種多様性パターンの関係は，地域レベルの比較的小さな空間スケールで注目されてきた．場所ごとの撹乱の大きさの違いと種数の関係が多くの場合，中間的な撹乱のレベルの場所で種数が最大になるような，凸型の曲線になることが知られている．このパターンは，4.2 節で触れたように中規模撹乱説で説明できる．

　同様の種多様性のパターンは，生産性との関係でも知られている．しかしこの関係は，扱われる分類群や地域，空間スケールによって異なる傾向を示す．生産性が高ければ個体数も多くなるため，種間関係が中立的な場合には，相対的に種数も高くなると予想される．また生産性の高い環境では，上位の栄養段階の生物量が増えるため，より複雑な種間関係の構造が維持され，高い種多様性を維持することができる．また生産性が高い地域は，環境の異質性が大きい傾向がある．このような理由のため，生産性と種数は単純な正の相関を示す（Rosenzweig 1995, Mittelbach et al. 2001, Gillman & Wright 2006）．しかし，一方で種間競争は生産性の高い環境で強まるので，生産性がもっとも高い環境では種数はむしろ少なくなるとも考えられる．この場合，両者は負の相関を示すと考えられる．いずれの効果も存在する場合には，中間的な生産性のところで種数が最大になり，凸型の種多様性のパターンを示すだろう（Grime 1973, Connell 1978, Huston & DeAngelis 1994, Dodson et al. 2000）．このように異なる関係が生じるのは，観察する空間スケールの違いとも関係している（図 4.13）．たとえば一つの池の中というような局所レベルの空間スケールでは，生産性と種数はベル型の関係を示すが，一つの水系というような地域レベルの空間スケールでは，単純な正の相関を示すことがある（Chase & Leibold 2002）．異なる空間スケールでパターンが異なる理由は，生産性が高い地域では，生産性のレベルの空間的変動が大きいことや，時間的な生産性の変動が大きいため，局所群集での絶滅と移入による種の入れ替わりが高まることなどが想定されている（Chase & Leibold 2002）．一方，これとは逆に，むしろより大きな空間スケールだけで凸型の関係になるケースもある（Chalcraft et al. 2004）．これは生産性の増大に，局所群集内の種多様性を低くする効果がある一方で，局所群集間の種構成の違いを高める効果があるためである．

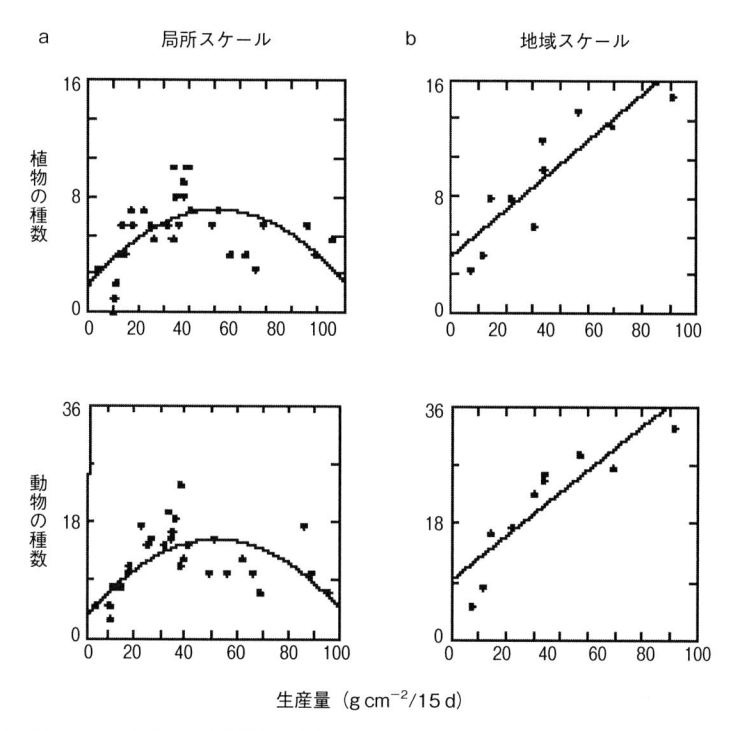

図 4.13 観察スケールによって多様性と生産性の関係は異なる．Chase & Leibold（2002）より引用．

また，空間スケールの違いだけでなく，たとえば同じ海岸に生息する底生生物とそれ以外の生物群というように，同じ地域に分布する分類群やギルド（類似した生態的地位を占める種群）が異なると，生産性と種数の関係は異なるパターンを示すことが知られている（Witman et al. 2008）．

生産性と種数の関係に，なぜ凸型の関係が生じるのかという問題は，まだ完全に解決されているわけではないが，実際にはさまざまに異なるプロセスが凸型の関係を作りだしている可能性が高い．たとえば，中立的なプロセスを想定した場合でも，生産性と種数の凸型の関係は生じうる．たとえば，生産性の低い環境に適応した種群と生産性の高い環境に適応して形成された，それぞれ種構成の異なる種プールから種の移住が起こる場合，中間的な生産性の環境で最も多くの種が共存することによって，ベル型の種多様性パターンが生じる可能性がある（図4.14：Chiba 2007）．このような異なった生息環境に成立した局所群集間のソース・シンクのダイナミクス（ソースとなる個体群からの個体が移出し，シンクと

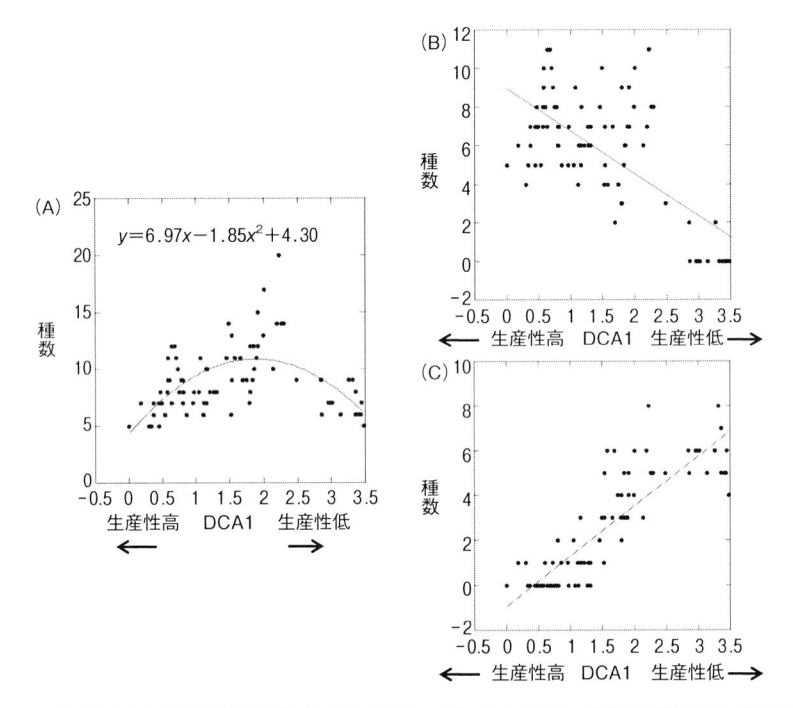

図 **4.14** 生産性を表す環境指標（横軸）と種数の関係．(A) すべての種．(B) 生産性の高い環境を好む種のみ．(C) 生産性の低い環境を好む種のみ．全体の種多様性パターンは異なる種プールのソース・シンクの動態で説明できる．Chiba (2007) より引用．

なる個体群に移入することによって生じるダイナミクス：Kunin 1998）は，特にある程度移動性の低い生物の環境勾配に沿った種多様性パターンの形成要因を考える場合，無視できない要因である．

(2) 島の種多様性パターン

生息地（たとえば島）の面積とそこに住む生物の種数に見られるべき乗則は，幅広い分類群で知られており，中立モデルで説明できる種多様性の空間パターンの代表的な例である．島における種数が本土からの距離と負の相関があるのも，絶滅と移入の平衡という中立的なプロセスで説明できる．一方，より大きな空間スケールや長い時間スケールでは，移入率の代わりに種分化率が重要になる．アノールトカゲの例では，3000 km^2 面積以上の島では，移入率よりも種分化率のほうが，種数の決定要因として重要であることが示されている（図 4.15：Losos &

4.4 種多様性のパターン

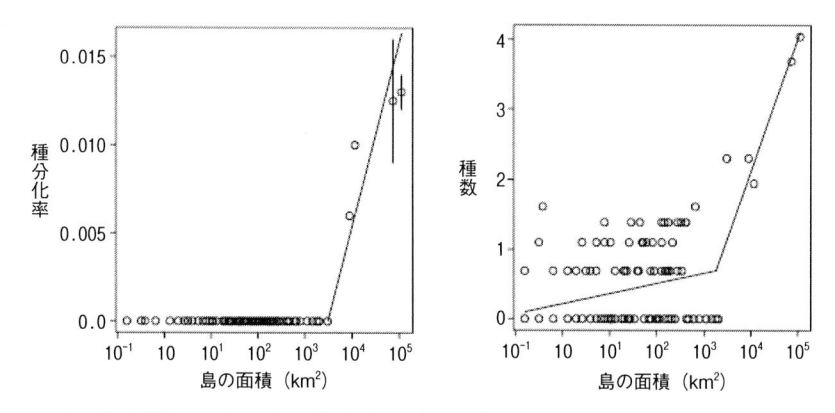

図 4.15 西インド諸島のアノールトカゲの生息する島の面積と底で起きた種分化率（A）と，面積種数関係（B）．Losos & Schluter（2000）より引用．

Schluter 2000).

(3) 歴史の効果

種多様性の空間パターンに影響する要因として，種分化，移住，絶滅など進化史スケールの要因を無視することはできない．種分化は地域間の種数の違いをもたらすだけでなく，α, β, γ 多様性の違いをもたらす主要因となることがある．北米東部には多種のヌマガメ科が生息するが，地域ごとの生息種数は，その地域で種分化が始まってからの時間に比例している．また地域によっては異所的種分化が卓越することによって，局所レベルでの種数（α 多様性）は他地域と変わらないが，地域レベル（γ 多様性）では種数が他地域より多くなっている（Stephens & Wiens 2003）.

進化史スケールでの移住，分散の歴史が局所群集の間の種多様性の違いをもたらすこともある．アマゾンには極めて多様な樹上性のカエルが生息するが，地域間で大きな種多様性の違いがある．系統関係に基づく推定によると，この違いは地域へのカエルの移住が起きた時代の違いを反映しているという（Wiens et al. 2011）

過去の絶滅のイベントや過去の景観の影響は，長期にわたって影響を与え続け，現在の種多様性パターンの主要な部分を決めている可能性がある．西太平洋中部の浅海域は世界で最も海洋生物の種多様性が高い地域であるが，大西洋と西太平

洋で現在みられる種多様性の違いは，鮮新世末に大西洋の生物群集で起きた大規模な絶滅イベントに由来している（Jackson et al. 1993）．さらに短い時間スケールかつ小さい空間スケールでも，過去の絶滅または過去の景観の影響が，現在の種多様性パターンに及んでいるケースがある．たとえば現在の種多様性の空間パターンが，現在の環境や植生ではなく，過去の土地利用のパターンを反映したものである事例が植物や陸産貝類で知られている（Gustavsson et al. 2007, Chiba et al. 2009）．小笠原諸島の母島は，戦前は広く森林が開拓され耕作地となっていたが，1945年以降，これらの耕作地が放棄された結果，現在ではほぼ完全に森林が再生している．ところが母島の陸産貝類の種多様性の地理的パターンは，依然として戦前の森林の分布と強い相関を示している（Chiba et al. 2009）．

（4）環境勾配と種多様性パターン

　種多様性の空間パターンのなかで，もっとも大きな空間スケールで認められ，またもっとも幅広い分類群で共通に認められるパターンが，緯度勾配であろう（図4.16）．なぜ熱帯では種多様性が高いのか，という問題は古くから注目され，いまだに決着していない問題である．非常に単純な空間パターンであるにも関わらず，それを説明するため数多くの仮説が提案されてきた．それには，これまで本章で種多様性に関わるものとして解説してきた，ほとんどすべてのプロセスが含まれている．

a. 中立モデルに基づく仮説

　①面積効果仮説：　低緯度のほうが高緯度よりも面積が広いことから，低緯度の種の豊富さを説明しようとするものである（Terborgh 1973）．しかし同じ面積あたりの地域を比べてもこの緯度勾配は成り立ち，また面積から想定される以上に低緯度の方が種は豊富であるため，妥当な説明とはいえない．

　②中領域仮説：　地球もマダガスカルのような島と同様に両端が閉じた形なので，もしランダムな幅の分布域をもつ種がランダムに分布すれば，低緯度で種の分布の重複が大きくなるはずである．したがって，種多様性は低緯度で高くなるパターンになる（Colwell & Hurtt 1994; Willig & Lyons 1998; Colwell & Lees, 2000）．特に種ごとの分布範囲が広い分類群で，これで説明できる例が多いとされる（Lees and Colwell, 2007; Rahbek et al. 2007）．しかし実際には，この効果だけで説明できる種多様性の緯度勾配はそれほど一般的ではなく，現在ではこの要

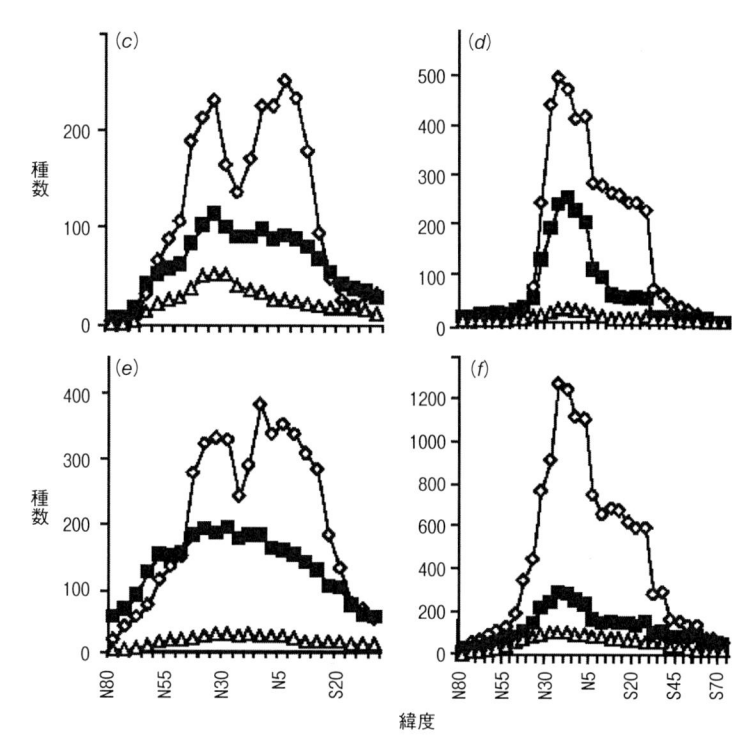

図 4.16 東大西洋（左）と西大西洋（右）の海洋生物にみられる種多様性の緯度勾配．上は甲殻類十脚類，下は魚類．◇：沿岸，■：陸棚，△：深海．Macpherson（2002）より引用．

因はむしろ，緯度勾配をなんらかの環境要因や生物学的要因で説明するための帰無仮説として使われることが多い．

b. 環境条件に注目した仮説

①エネルギー仮説： 低緯度のようにエネルギー量の多い地域では，一次生産量が多くなり，個体数が増えるとともに高次の栄養段階を維持することができるようになり，結果として高い種多様性が達成される（Currie et al. 2004）．しかし種の多様性に差を及ぼすほどのバイオマスや個体数の差は，熱帯と温帯の間にはないという批判がある（Cardillo et al. 2005）．

②気候の安定性-不安定性仮説： 熱帯と温帯の気候の安定性の違いを種多様性に違いを生む要因と考える（Menge & Sutherland 1976）．熱帯は気候が安定なので多くの種が生息できるが，温帯で周期的に変化する気候を経験しなければなら

ず，生理的な制約のため，そのような環境に生息できる種は限られる．また，熱帯のように変動が小さく予測性の高い気候下では，特定の資源への特殊化が可能であるとともに，種間相互作用へのエネルギー投資が可能になる．そのため資源利用や共生関係の特殊化が進みニッチが細分化されて，高い種多様性が維持されると考えることができる（Schemske et al. 2009）．実際，熱帯の昆虫では温帯よりも，利用する宿主植物に対して特殊化が進んでおり，それが熱帯の昆虫の高い種多様性の要因になっている（Dyer et al. 2007）．さらに熱帯では適度なレベルの環境の攪乱が存在することが，その種多様性を高めているという中規模攪乱説に基づく考えもある（Huston 1994）が，熱帯のほうが温帯より適度な撹乱があるという証拠はない．

c. 歴史要因に注目した仮説

①歴史的気候安定性仮説： 高緯度地域では過去の氷期 – 間氷期の気候変動の影響をより強く受けるため，過去に絶滅が起ったのちまだ種数が回復していないため，種多様性が低い状態になっている（Gaston & Blackburn 2000）

②進化速度仮説： 高温の環境では代謝速度が上がるため，成長速度が上がることにより世代交代が早まり，突然変異率と種分化率が高まる．そのため気温が高い低緯度地域では種多様性が増大する（Cardillo et al. 2005）．

　これらは代表的な仮説であり，他に多くの仮説が提案されている．しかし，このようにさまざまな機構が考えられているものの，すべてを矛盾なく説明できるような決定的な仮説はない．そのため，現在では多くの生態学者は種多様性の緯度勾配に対して，それが何か一つの重要なプロセスによって作り出されたというよりは，さまざまなプロセスがその形成に関わっているという見方をとるようになっている（Willing et al. 2003）．

4.5　種多様性の理解に向けて

　種多様性がどのように維持されているか，そしてそのパターンはどう形成されたかという研究は，生態学の中心的な研究課題となってきた．しかしこれらの問題は，多様性を扱うほかの分野，特に進化生物学との接点は少なかった．そのため比較的小さな空間スケールや短い時間スケールのプロセスで問題を解決しよう

という立場が主流となってきた．本稿でも解説のほとんどはこうした立場に立ったものである．だが，中立モデルの発展に見られるように，種多様性のレベルに関与しているプロセスは，集団遺伝学が扱う遺伝的多様性のレベルで機能しているプロセスと共通の部分を含んでいる．また種多様性は現在観察することのできるプロセスだけが作り出したわけではなく，長い進化の歴史のなかで起きた種分化や絶滅の影響を強く受けたものである．今後，種多様性の理解には今まで以上に，種分化や系統関係に注目した進化生物学的な見方が必要になってくるだろう．その点で，遺伝子のレベルと種レベルの多様性を共通の視点から理解しようという試みがさらに重要になってくると思われる．一方，近年の環境問題への関心の高まりは，生態系レベルで多様性の役割を理解することの重要性を示している．したがって，種レベルの多様性を，いかにより高次のレベル——群集，生態系というスケールでの多様性と関連づけてゆくかという試みが重要になってくるだろう．群集や生態系のレベルでは，特に生態系機能の多様性と種の多様性の関係が注目されている（たとえば Weigelt et al. 2008）が，群集における種数以外の要素ないし構造の多様性に注目した研究は少ない．これは第6章，第7章で解説される景観や生態系の多様性と，種の多様性がどのように関係するかを理解するうえで重要な問題であり，今後の研究の展開が期待されるテーマである．

第 II 部
種の多様性

第 5 章 種の多様性と生態系の機能

　種の多様性は生態系機能や生態系サービスにどの程度貢献しているのだろうか．これは本書の主要な課題の一つであり，生物多様性はなぜ重要かという本質的な問いかけに対する答えを与えうるものでもある．

　Darwin は，19 世紀に植物の種の多様性が，植物群集全体の一次生産量を高める働きをもっていると述べている（Darwin 1882）．しかし，この言明は，100 年以上にわたって生態学者の間では正面から議論される機会はなかったようである．また，Odum や Elton は，多様な種からなる生態系では，農地や植林地のような種構成の単純な生態系に比べて，外来種の侵入が起こりにくく，害虫の大発生などの個体群の激しい変動が起こりにくいことを述べている（Odum 1953, Elton 1958）．こうした野外の経験論的な観察事例とは反対に，数理モデルによる理論解析では，種の多様性は局所安定性（小さな撹乱に対して系が元の平衡状態に戻れる能力：コラム 6 参照）を低めるという導出がなされた（May 1973）．これはメイのパラドクスとも呼ばれ，生態学の一大課題となった．この理論の重要な前提として，食物網における種間のリンク（結びつき）の有無や，リンクの強さ（相互作用強度）がランダムであることがある．しかし，野外研究の蓄積により，実際の自然界では種間のリンクの有無はランダムではなく，また弱いリンクは強いリンクよりもその頻度がはるかに多いことがわかってきた．こうした実際の食物網の構造を考えると，実は理論的にも種の多様性は安定性をもたらすことがわかってきた（McCann et al. 1998）．その仕組みは 2 つに大別される．一つは，種間相互作用が弱い場合，個体群の変動パターンが種間で非同調になるため，すべての個体群を足し合わせた群集レベルでの変動は，結果として安定化することである（後述の図 5.6 と同じ原理）．いま一つは，弱い相互作用は群集内でのエネルギーの流れを制限するので，強い捕食・被食関係がもたらす激しい個体数の変動を

コラム 6

生態系の安定性とは？

　生物の個体数，種数，生態系の栄養塩量など，生態系の「状態」を測る指標はさまざまあるが，それらはよく安定あるいは不安定という表現で語られる．では，安定性とは実際に何を意味するのだろうか？　研究者によって安定性のタイプ分けは多少異なるが，ここでは以下に示す5つの区分で説明する．

①**抵抗性**（resistance）

　撹乱などの外圧に対する状態の変化し難さをいう．同じ状態に留まり続ける能力といいかえることもできる．たとえば，外来種が侵入しにくい生物群集は抵抗性が高い．

②**局所安定性**（local stability）

　小さな撹乱によって変化した状態が，元の状態に戻ることができることをいう．力学的な安定平衡点へ戻れるかどうかで判断される．メイが解析した安定性はこの尺度である．

③**復元速度**（resilience）

　撹乱をうけて状態が変化してから元の安定平衡点に回復するまでの速度をいう．以前はこれを resilience と呼んでいた．

④**復元力**（レジリエンス：resilience）

　ある状態を維持するために系が吸収できる撹乱の大きさをいう．具体的な尺度としては，回復可能な撹乱の強さの限界値をさす（図）．複数の安定平衡点を前提とした尺度であり，別の安定平衡点が作る**領域**（domain）にシフトしない能力ともいえる．最近ではこれをレジリエンスということが多い．**レジームシフト**（regime shift）は，ある領域から別の領域へ状態が転位することをいう．

⑤**変動性**（variability）

　状態の時間変動の大きさで，変動係数がよく使用される．野外でもっとも測りやすい尺度といえる．

　他に，個体群に対してのみ用いられる尺度として**存続性**（persistence）がある．これは，一般に絶滅までの待ち時間をさす．

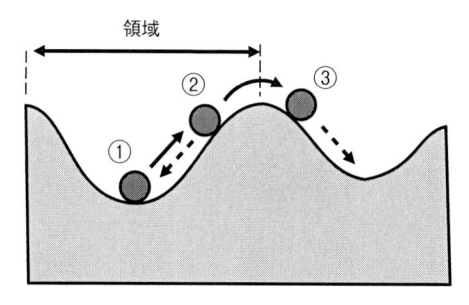

図　レジリエンスの模式的表現．ボールは注目する生態系の変数（生物のバイオマスや栄養塩量など）で，その位置は変数がどの状態にあるかを示す．ボールが谷の底にある場合は安定平衡状態にある（①）．撹乱によりボールが山の方向へ移動しても，領域のなかに留まることができれば復元性があるが（②），ある強さ以上の撹乱がかかると，別の状態に転移してしまう（③）．これがレジームシフトである．そして，ある領域に留まることのできる撹乱の大きさの上限がレジリエンスの尺度となる．

緩和する効果があることである（後述の図7.9と同じ原理：McCann 2000）．このように，現実の自然界でみられる群集構造はランダムに構成されていないことや，生態学者が注目してきた「安定性」が局所安定性だけではないことを考えると（コラム6），メイのパラドクスはそもそもパラドクスではなかったも言える．

しかし，種の多様性がどんな場合も生態系の機能の向上や安定性をもたらす保証はない．また，種数が多い群集で生態系機能が高いとしても，それが種の多さそのものに由来するかどうかは，野外パターンだけから判断することは難しい．この章では，近年生態学の分野で大きく発展している「種の多様性と生態系機能の関係」についての知見を紹介する．その前に，多様性と機能の関係を論じるうえで重要な2つの機能の尺度を紹介する．それは生態系機能（現存量や物質循環の速度）の「平均レベル」と「変動性」である．たとえば，一次生産量の平均レベルが高いことや，その年変動の小さいことは，ともに機能を表す両輪である．両者は関連している場合もあるが，それぞれの仕組みは基本的には別物であり，また実際の研究もどちらかに注目しているものが多い．そこで，まずは別個にこれらの話を進めることにする．

5.1　多様性と機能のレベル

　種の多様性が高いと生産量などの生態系機能が高まるという現象は，多くの観察や実験で確かめられている．しかし，その仕組みについての理解が進んだのは，比較的最近のことである．多様性の効果をもたらす仕組みは，大きく2つに分けることができる．**サンプリング効果**（sampling effect）と**相補性効果**（complementary effect）である．

（1）　サンプリング効果

　サンプリング効果とは，高い機能をもった種がたまたま群集に含まれ，それが優占することで，群集全体の生産性が高まることをいう．当然のことながら，種数が多い群集では高い機能をもった種が含まれる確率が高まり，サンプリング効果だけでも種数と機能の正の関係が発生することになる．したがって，サンプリング効果による多様性と機能の正の関係は，真の多様性の効果とはみなされない

こともある．

　サンプリング効果は，機能の高い種が群集のメンバーとして文字通りサンプリング（抽出）される過程と，その種が群集中で優占する（選択される）過程に分けることができる．この優占の過程は，抽出の過程とは基本的に別物であり，**選択効果**（selection effect）と呼ばれる．もし機能の高い種が資源を効率的に搾取でき，そのためバイオマスが優占して他の種を排除すれば，結果的にその種だけからなる群集が形成される．

　サンプリング効果が働いている場合，種の多様性とバイオマスの関係は図5.1Aのようになる．種数が少ない場合，生産性の高い種が群集に偶然含まれる確率は低いので，最終的なバイオマスには大きなバラツキが生じる．一方，群集中の種数が徐々に増えていくと，生産性が高い種が含まれる確率が高まり，バイオマスの下限が上昇していく．ただし，もっとも生産性の高い種が含まれる場合は種数に関わらず存在するので，上限は変化しない．

　サンプリング効果は，限定的な選択の過程を想定している．つまり，機能の高さと群集中の優占度に正の相関があること，そして機能のもっとも高い種のみが最終的に群集に残ることである．しかし，機能と優占度は必ずしも正に相関するとは限らない．むしろ種間競争に優位な種は，防衛に多くのエネルギーを投資するため，生産性が低いことさえある．この場合，多様性と生産性には負の相関が生じることになる．これは多様性と機能の関係性を決めるうえで，抽出過程よりも選択過程が重要な役割を果たしていることを意味している．したがって，最近

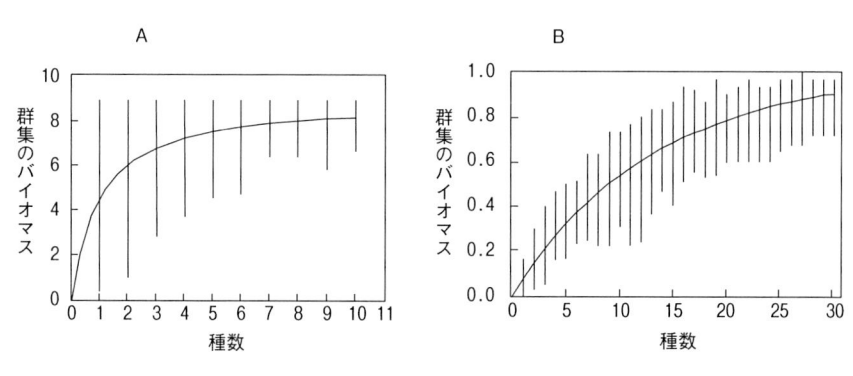

図 5.1　サンプリング効果を想定した場合（A）とニッチ効果を想定した場合（B）における種数と群集のバイオマスの関係．曲線はシミュレーション結果の平均値，縦線の幅は上限と下限を示す．Tilman（1999）を改変．

(2) 相補性効果

相補性効果は，種が多様であることの真の（純粋の）効果ともいえる．この効果は，さらに種間でのニッチ分割による**ニッチ効果**と，種間での促進作用（facilitation）による**促進効果**（相乗効果）に分けられる．

ニッチ効果は，種間でのニッチ（利用する資源）の違いが群集全体で効率的な資源利用を可能にし，結果として生産性などの機能が高まる現象である．これは各種のニッチの違いにより，種数が増えるにつれて群集全体で占めるニッチの空間が広がることと言い換えられる．ニッチ効果をもとに，種数とバイオマスの関係をモデル化すると図5.1Bのようになる．種数とともにバイオマスの平均レベルが上昇するのは，前記のサンプリング効果の場合と変わらない．しかし，ニッチ効果の場合は，特定の優れた機能をもった種の存在が全体のバイオマスを支配することはないので，バイオマスの上限も種数とともに増加する．これがサンプリング効果から導かれるパターンとの大きな違いである．

促進効果は，ある種の資源利用効率が他種の存在により高まる効果であり，ニッチ効果ではそうした相乗効果は想定していない．言い換えると，種間で片利関係や双利関係といった正の相互作用が働く場合に促進効果が生じるのである．ニッチ効果と促進効果をパターンのみから分離することは困難であり，その実証例は少ない．その区別には，相補性効果が生じる仕組みを実験的に把握する必要がある．Cardinale et al.（2002）は，濾過食者の水生昆虫であるトビケラ幼虫3種（図5.2）を用いて，多種の存在がそれぞれの資源獲得量を高め，成長量を増加させることを明らかにした．これは，ニッチ分割による相加効果では説明ができず，何らかの促進効果が働いていたことを示唆している．ここで促進効果が生じた仕組みは，3種のトビケラが作る隠れ家（図5.2）の形状の違いに起因しているらしい．3種が共存する場合には，水路の基底に付着するトビケラの巣が複雑な表面構造を作り出すため，水流も複雑になり，餌である微細な有機物を効率的に摂食できたためと考えられている．これは，ある生物種が物理的環境を改変し，それが別の種の資源利用に影響を及ぼすという**生態系エンジニアリング**（ecosystem engineering）の効果である．もちろん，促進効果には生態系エンジニア効果以外もあるが，ここではその詳細は省く．

図 5.2 ウルマーシマトビケラの幼虫（左）とその巣（捕獲網）（右）．トビケラ類は種によって巣の形状が異なる．写真：大阪府環境農林水産総合研究所水生生物センター．

(3) 相補性効果の検出法

　種の多様性と生態系機能の関係を，野外パターンのみから評価することは原理的に困難である．種の多様性が生態系機能に影響するという因果関係ではなく，生態系機能が種の多様性に影響するという逆の因果の可能性もあるからである．そのため，ここ 20 年来の研究の多くは，実験的に種数を操作して機能を評価するという手法を用いている．もちろん，生態系の送粉サービスのように，逆の因果関係がまず想定されない場合や，機能が発生する空間スケールが大きい場合には，野外パターンから評価する場合もある．しかし，その場合でも野外実験などを併用し，多様性と機能の関係が生じる仕組みの解明に迫る必要がある．

　野外実験では，ふつう種数をさまざまに変えて機能を評価する．よく行われるのは，各種の単独区（monoculture）と多種を混ぜた多種区（polyculture）を作成し，その機能を比較するものである．相補性効果の存在をこれらの実験から評価する尺度は，2 種類に大別される（図 5.3）．一つは，個々の単独区の機能の平均値（b）と，多種区（通常は実験に用いたすべての種を含む区）の平均値（a）を比較するものである．もし相補効果がなければ，種が多い・少ないによらず機能に違いはないはずなので，両者の値は一致する．一方，相補効果があれば単独区よりも多種区の値が大きくなるはずである．したがって，以下の条件は相補性効果が存在する必要条件となる．

$$\mathrm{Log}(a/b) > 0$$

対数をとるのは，値の分布を 1 の上下で対称にするためである．この式が満たされる現象は，**過剰収量**（overyielding）とも呼ばれ，生態学だけでなく農作物の

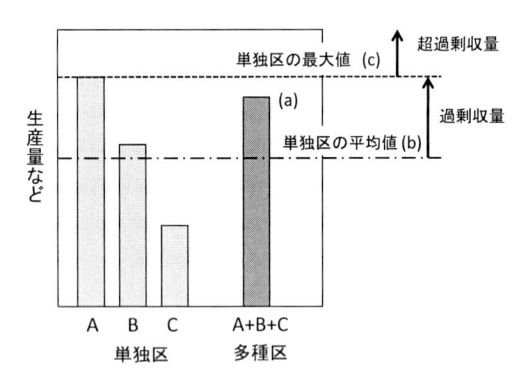

図 5.3　種の多様性の効果を測るための過剰収量と超過剰収量の基準.

収量を扱う農学の分野でよく使われている．ただし，選択効果のみでも過剰収量は起こるので，上記の式は相補性効果が存在する十分条件ではない．

　もう一つの方法は，もっとも機能の高い単独区の値（c）を比較対象にして，多種区の機能を評価するものである．

$$\mathrm{Log}(a/c) > 0$$

これは**超過剰収量**（transgressive overyielding）と呼ばれ，多種区における機能が，選択効果から期待される最大値（つまり，もっとも生産性の高い種が独占する状態）よりも高い場合に条件が満たされる．この場合，相補性効果が少なからず貢献していることになる．超過剰収量は農作物の生産の場では重要な意味をもつ．単一のもっとも生産性の高い作物を栽培するよりも，複数種を混植した方が全体の生産性が上がるということは，作物の混植を行う積極的なメリットであり，過剰収量の基準よりも多様性の維持に対してより強い説得力をもっている．

　では，過剰収量は満たすが，超過剰収量は満たさない場合には，どのような生物学的な解釈ができるだろうか？　ここで重要なのは，相補性効果と選択効果は排他的ではない点である．機能がもっとも高い種が他の種をすべて排除し，単独区と同じ状態になる場合は，選択効果の極端な例である．実際は，機能の高い種が優占しつつも，それ以外の種も共存することが多いので，相補性効果と選択効果が同時に存在することに矛盾はない．

(4)　相補性効果はどの程度普遍的か？

　種数の多い群集で機能の高い種が含まれる確率が高いのは，統計的な必然であ

る．したがって，サンプリング効果はどのような場合でも多少なりとも存在するはずである．重要なことは，相補性効果がどの程度普遍的にみられるかを探ることである．

種の多様性と生態系機能の関係を扱った研究のうち，もっとも多くの研究が行われているのは，植物の多様性と生産性に関するものである．Cardinale et al. (2007) は，これまでに報告された44の実験研究の結果を精査し，過剰収量や超過剰収量がどの程度みられるかをまとめた．その結果，まず多種区では単独区よりも平均的に1.7倍の生産量があり，実験のうちの79%で過剰収量がみられた．これは相補性効果がかなり普遍的に存在することを示唆している．一方，超過剰収量を示したものは全体の12%に留まり，多様性の効果は，もっとも生産性の高い種がもつ効果には及ばないことが多かった．彼らはさらに，実験期間の長さによって上記の結果がどのように変化するかを調べた（図5.4）．過剰収量でも超過剰収量においても，期間とともにその頻度が増加することがわかったが，注目すべきは，実験期間が5年以上になると，ほとんどの場合で超過剰収量が認められたことである（図5.4B）．これは，実験開始後間もない過渡的な段階では，生産性の高い特定の種の存在が重要であるが，その後の比較的安定した状態になるとニッチ分割や促進効果などが徐々に重要性を増し，やがてもっとも優れた種の能力を上回るようになることを意味している．生態系機能をどの時間スケールで測るかは目的にもよるが，生態学的に考えれば短期スケールよりも長期スケールで評価した方が，機能の永続性の観点からすれば妥当である．今後はその詳しい仕組みの解明が必要である．

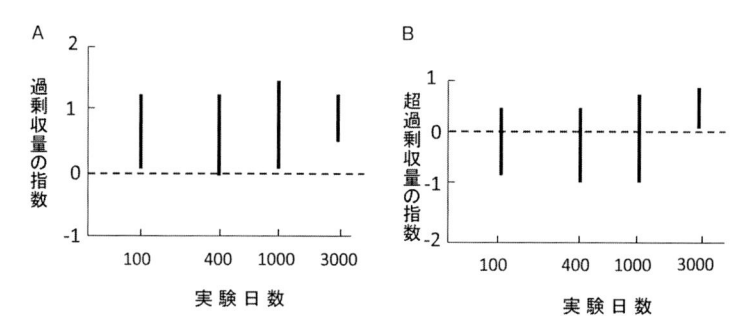

図 5.4 実験期間の長さと過剰収量（A）および超過剰収量（B）の出現しやすさとの関係．縦線の幅は実験で得られた値の上限と下限を示す．Cardinale et al. (2007) を改変．

5.2　多様性と機能の安定性

つぎに，種の多様性と機能の安定性について考えよう．生態学では安定性にはいくつかの定義があるが，種多様性と生態系機能の文脈でよく用いられるのは，①時間変動の安定性，②復元速度，③生物の侵入に対する抵抗性，である（コラム6参照）．変動の安定性としては，一般に変動係数の逆数（平均値÷標準偏差）が用いられ，生態系や群集レベルでの生産性や現存量の時間変動が対象となる．復元速度は，外的な撹乱に対して生態系や群集が元の状態に戻る能力の大きさである．生物の侵入に対する抵抗性は，文字通り外来種などの侵入のしにくさを表す．ここでは理論的にも実証的にも研究が進んでいる時間的な安定性に注目する．

種の多様性が群集や生態系の変動を安定化させる仕組みには，**ポートフォリオ効果**と**負の共分散の効果**の2つが知られている．どちらも各種の変動が組み合わさることで，全体の変動が安定化する効果である．しかし，ポートフォリオ効果は変動様式が種間で独立であっても生じるのに対し，負の共分散の効果は，種間で変動に負の相関があることで生じる．負の共分散が全体の変動を安定化させる理由は直感的にも理解しやすいが，ポートフォリオ効果の仕組みを理解するには，少し詳しい統計的な説明が必要になる．

(1)　ポートフォリオ効果

ポートフォリオ効果は統計的な平準化の一種である．もともと経済用語で，複数の銘柄の株に投資することでリスクを分散する効果があることをいう．ここでは，群集全体のバイオマスを生態系機能の指標とし，その効果が生じる仕組みをみていこう．

まず，N種からなる群集のバイオマスの変動は，各種のバイオマス（x_i）の分散の総和と共分散の総和で表される．

$$\mathrm{Var}(x_1 + x_2 + \cdots + x_N) = \sum \mathrm{Var}(x_i) + 2\sum\sum \mathrm{Cov}(x_i, x_j) \tag{1}$$

ポートフォリオ効果は，分散の総和の項にのみ注目したものであり，共分散の項とは無関係である．したがって，変動係数の逆数で表される「安定性」を考えるには，分散が平均値によってどう変化するかを考えればよい．

5.2 多様性と機能の安定性

> **コラム 7**
>
> **ポートフォリオ効果の統計的説明**
>
> 群集や生態系の安定性をもたらすポートフォリオ効果が起こる仕組みは,直観的にやや理解しにくいが,初歩的な数学で容易に導出できる.
>
> ポートフォリオ効果では共分散の項は関係ないので,(1)式の純分散とその総和について注目する.まず,1種のみからなる群集の変動の安定性(S_1)は,平均値と分散のべき乗式より,以下のように表される.
>
> $$S_1 = \frac{\mu_1}{\sigma_1} = c^{-1/2} m^{1-z/2}$$
>
> つぎに,N 種からなる群集を考える.ここで各種の優占度に違いはないとすると,種ごとのバイオマスの平均値と分散は,それぞれ m/N, $c\,(m/N)^z$ となる.群集全体の分散は(1)式より,各種の分散を N 倍した値であり,
>
> $$\sigma_N^2 = cm^z N^{1-z}$$
>
> となる.すると,N 種からなる群集の安定性(S_N)は,
>
> $$S_N = \frac{\mu_N}{\sigma_N} = c^{-1/2} m^{1-z/2} N^{(z-1)/2}$$
>
> となる.最後に,1種のみと N 種を含む群集の安定性を比較するため,それらの比を計算すると c と m は消去されて,
>
> $$\frac{S_N}{S_1} = \frac{\mu_N / \sigma_N}{\mu_1 / \sigma_1} = N^{(z-1)/2}$$
>
> となる.この比が1以上ならば種数が増えると群集は安定化することになるが,その条件は $z > 1$ である.また,$z = 1$ では多様性の効果なし,$z < 1$ では多様性が不安定化をもたらすことになる.

一般に,分散(σ^2)は平均値(m)のべき乗式で表される.

$$\sigma^2 = cm^z$$

ただし,c と z は定数である.ここでは詳細は省くが(コラム7参照),z の値により群集全体の安定性が決まる.つまり,$z=1$ のときは種数が増えても群集の安定性には影響ないが,$z>1$ の場合には種数とともに群集レベルでの安定性は高まり,$z<1$ の場合には反対に不安定となる(図5.5).

では実際の生物で z はどのような値を取るのだろうか? 変動が密度と独立に決まるのであれば,$z=1$ である.しかし,実際は密度効果などが働くので,密度とともに変動係数は低くなる傾向があり,経験的には $z>1$ になることがほとんどである.したがって,実際の野外では,種数とともに群集レベルでの変動性は安定化することになる(図5.6).

ポートフォリオ効果の起こりやすさは,過剰収量の存在とも関係している.既に述べたとおり,過剰収量は多様性がもたらす平均レベルの底上げの効果である.この底上げ効果に比べて変動が大きくなる効果は一般に小さいため,変動係数も

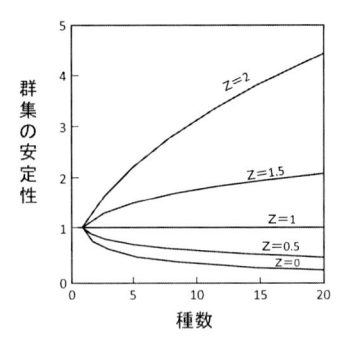

図 5.5 種数と群集レベルでのバイオマスの安定性の関係。z値はバイオマスの平均値と分散の関係性を決めるべき乗係数。安定性は1種のみの群集と比較した場合の相対的な値を示す。Tilman (1999) を改変。

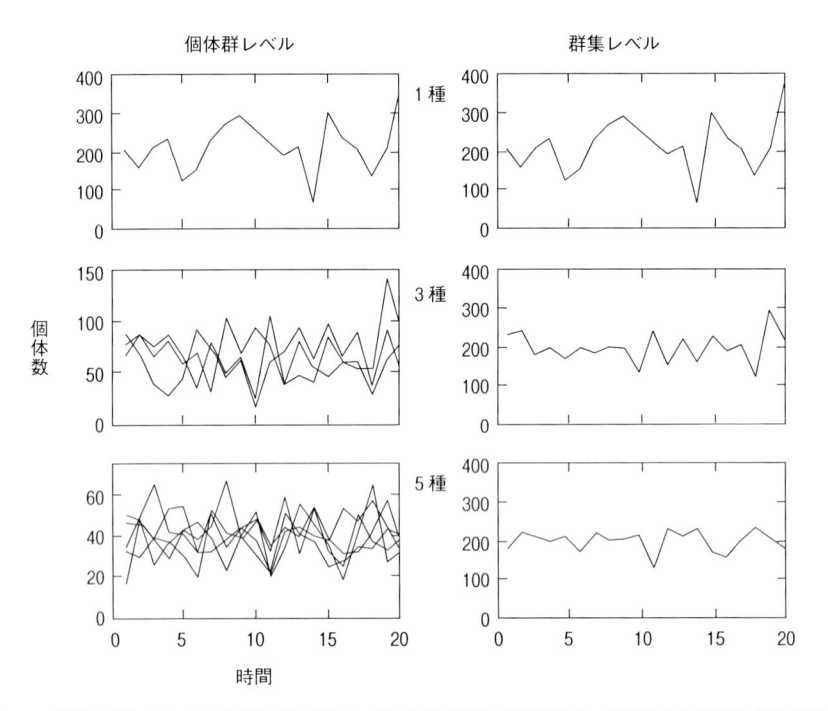

図 5.6 種数の増加にともなう個体群と群集レベルでの個体数の変動様式。時間変動に種間で負の共分散（変動の同調性）は存在しないが、$z>1$ のため、群集レベルの変動は次第に安定化する。Cottingham et al. (2001) を改変。

小さくなり，結果的として $z>1$ の条件を緩めることになる（詳細は Tilman 1999 を参照）．つまり過剰収量は変動の安定化をもたらす効果をもっている．

(2) 負の共分散の効果

　種間の変動に負の共分散がある場合，個々の変動が相互に補い合う結果，群集全体では変動が安定化する．そのため，負の共分散効果は時間的な相補性効果とみなすこともできる．負の共分散が生じる生物学的な仕組みはいくつか考えられるが，種間競争と環境変化に対する種ごとの応答の違いの2つが重要である．植物ではふつう資源である栄養塩をめぐって競争関係にある．そのため，一方の種が増えれば，もう一方の種が減るという負の共分散は普遍的に存在し，その結果，種数の増加とともに群集全体の生産性の時間変動が安定化することが予想される．

　環境に対する種間での応答の違いは，直感的にも想像しやすい．乾燥に強い種，洪水に強い種，哺乳類の採食圧に強い種など，さまざまな耐性の違いがあることは有名である．ただし，負の共分散が生じるには，耐性の違いだけでなく，耐性をもつ種が増えられる仕組みが必要である．たとえば，草食獣の採食は嗜好性の高い植物を激減させる一方で，化学物質や物理的な構造により防御している植物

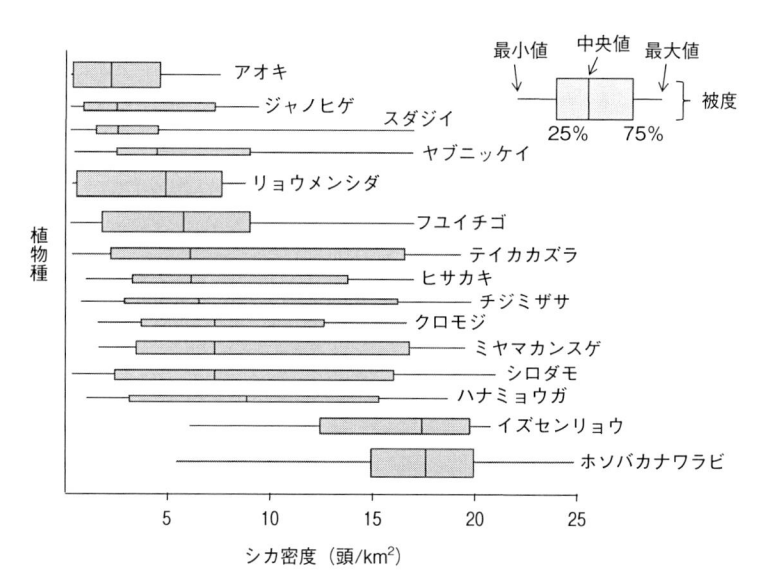

図5.7 ニホンジカの密度と森林の下層植物の出現パターンの関係．Suzuki et al.（2013）を改変．

(不嗜好性植物)を増加させることがある(図5.7:Suzuki et al. 2013).これは,草食獣の採食により嗜好性植物が減少し,それとの競争から解除された結果である.こうした応答の違いは,結果として群集全体の変動性を安定化させる効果をもっている.

以上みてきたように,種間で環境に対する応答の違いがあれば,変動に負の共分散がある場合はもちろん,変動が独立の場合であっても群集全体の安定化をもたらすことが多い.野外データから2種類の安定性の効果を分離して評価した例もある.Tilmanらがミネソタの草原で行った野外実験によると,植物の種数とともに群集全体の時間変動の分散は明らかに減少しており,多様性の効果が認められた(図5.8:Tilman 1999).またそれに貢献しているのは個々の種の分散の和((1)式の右辺第1項)であり,共分散は種数による変化はほとんどみられなかった.したがって,これらの群集では,ポートフォリオ効果が安定化に大きく寄与していることが推察された.さらに,係数 z は約1.3であった.この値は,ポートフォリオ効果が生じる理論上の条件である $z>1$ を満たしている.その後の10年以上に及ぶ長期データの解析からも,これらとほぼ同じ結果が得られている(Tilman et al. 2006).このように,種数が異なる群集についての長期データがあれば,ポートフォリオ効果や負の共分散の効果の相対的な重要性を評価できるが,解析に耐えられるだけの質量ともに充実した野外データは非常に少ないのが現状である.

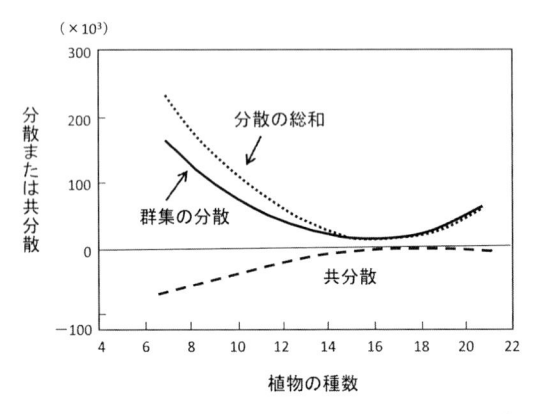

図5.8 植物の種数の変化に対する植物バイオマスの時間変動の分散および種間での変動の共分散.Tilman(1999)を改変.

①レベルの向上
- サンプリング効果（選択効果）
- 相補性効果
  - ニッチ効果
  - 促進効果

②安定性の向上
- ポートフォリオ効果（統計的平準化）
- 変動の負の共分散の効果

図 5.9 種多様性が生態系機能を高める仕組み．

　以上のように，種の多様性は，生態系機能のレベルと安定性の双方の向上に大きな役割をはたしている．こうした機能の向上をもたらす仕組みはやや複雑であり，研究者の間でも見解が統一されていないこともあるが，図 5.9 のようにまとめられる．実際の自然界では，これら複数の仕組みが同時に働いていると考えた方がよい．

5.3　複数の栄養段階を含んだ多様性の効果

　種の多様性と機能の関係は，おもに植物の生産性を対象に研究されてきた．それにはいくつかの理由がある．植物は生態系の基盤を形成する重要な種群であること，実験材料の採集の容易さや移動性の低さなどから野外実験が容易なこと，資源が栄養塩や光などの非生物であるため，多様性と機能の関係性をもたらすメカニズムの推定が比較的単純なこと，などである．しかし，自然界の生物は栄養段階の異なる種とも緊密に関係し合っており，その結果さまざまな生態系機能が発揮されているはずである．

　ここでは，生産者である植物の種多様性が，他の栄養段階の生物の多様性にどのような影響をもたらすのか（ボトムアップ効果），また消費者の多様性が餌生物の多様性や生産性にどのような影響を及ぼすか（トップダウン効果）の 2 つに注目する．

(1)　植物の多様性の波及効果

　植物は生態系の基盤であり，その多様性は生産性や安定性に貢献している．し

たがって，他の栄養段階の生物にもその効果が広く及ぶと考えるのは自然である．しかし，それは一つの有力な仮説ではあるが，生態学的な仕組みを考えると必ずしもそうなるとは限らない．まず，食物網の観点から考えると，植物の生産性の増加は植食者を増やすかもしれないが，その上の捕食者（天敵）も増やすため，植食者は思ったほど増えないかもしれない．また，植食者はどんな植物でも食べられるわけではないので，植物全体の生産量の増加が，そのまま植食者の種数や密度の増加につながるとも限らない．

植物の多様性が低い農地や植林地では，害虫が大発生しやすいという経験則は，植物の多様性がもたらす波及効果を論じた原点である．しかし，栄養段階を超えた多様性の影響が実験的に明らかにされたのは，ごく最近（おもに2000年以降）である．

植物の種多様性が及ぼす影響を，もっとも広範囲な生物群で調べたのは，ドイツのイエナで行われたScherber et al.（2010）の研究である．彼らは，植物の種数を1〜60種までの6段階に変えたプロット（各20 m四方）を設け，植食者，捕食者，寄生者，さらに土壌中の消費者などの様々な機能群について，それぞれの種数や個体数を記録した．その結果，多くの機能群で植物の種数とともに動物の種数や密度が増加した．しかし，その関係の強さは機能群で異なっており，植物と直接的な関係の強い植食者で正の相関がもっとも強く，ついで捕食者と寄生者，そして雑食者の順であった（図5.10）．以上より，植物の多様性が他の栄養

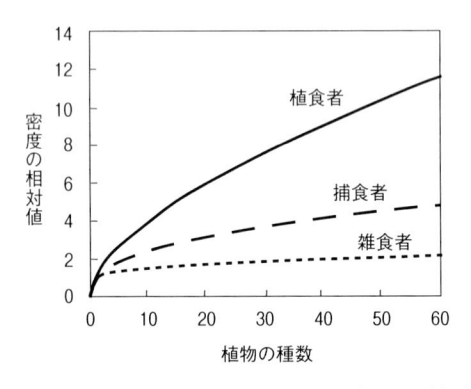

図5.10 植物の種数とそこに棲みつく植食者，捕食者，雑食者の密度の関係．実際のデータをべき乗関数で回帰した曲線で表しており，密度は原点で調整した相対値であるため，形にのみ注目のこと．Scherber et al.（2010）を改変．

5.3 複数の栄養段階を含んだ多様性の効果

段階に及ぼす効果は,機能群により違いはあるものの,概ねボトムアップ的に波及しているといえる.

ところが,同時期に発表された Haddad et al.（2009, 2011）がミネソタで行った研究は,少し結果が異なっている.これは,Tilman が主導した有名な多様性と生態系機能の野外実験の一連の研究であり,1996 年から 2006 年にわたる長期データを用いている.この研究では,植物の種数とともに,植物のバイオマス,植食者の種数,捕食者の種数は増加し,また捕食者全体の密度も増加した.しかし,Scherber et al. とは逆に,植食者の密度は植物の種数とともに減少した（図 5.11）.これは,植物の多様性が捕食者の密度を増やし,間接的に植食者の密度を減少させたことを意味している.捕食者による植食者のトップダウン制御は,複数の作物を混植すると害虫の増加を抑えることのできる仕組みの一つである.

上記の 2 つの結果が食い違った理由は明らかではないが,気温や降水量で決まる地域レベルでの生産性の違いや,実験期間の違い,各地域に存在する生物の種構成の違い,などが考えられる.一般に生産性が高い地域では,より上位の栄養段階にエネルギーが伝達されやすく,捕食者の現存量が高くなるので,植食者に対してはボトムアップ効果よりもトップダウン効果（捕食圧）が強く働く（Oksanen et al. 1981）.この推測は,植物の生長期間である初夏から夏の気温や降水量が,セントポール（ミネソタ）のほうがイエナよりも高いことからも支持される.生産者の多様性が消費者に与える影響がなぜ地域により異なるかは,今後明らかにすべき重要課題の一つである.

植物の種の多様性が,他の栄養段階の生物の安定性に及ぼす効果もわかってき

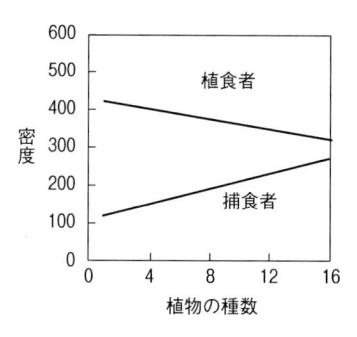

図 5.11 植物の種数とそこに棲みついた植食者と捕食者の密度の関係.実際の累積密度（13×13 m あたり）を線形回帰した直線で表している.Haddad et al.（2009）を改変.

ている．Haddad et al.（2011）によると，植物の種数の増加とともに，植食者の個体群レベルでの変動は不安定化したが，群集レベルでは逆に安定性が高まった．植食者の群集レベルでの安定性には，植物のバイオマスの安定化（ボトムアップ効果）に加え，種数の増加による統計的な平均化の効果（ポートフォリオ効果：$z = 1.72$）が関わっていた．一方，捕食者の変動性（トップダウン効果）は関与していなかった．

　Haddad et al. の2つの研究により，植物の種多様性は，植食者の群集レベルでの密度レベルを下げるとともに，安定性も高めることがわかった．これは，エルトンが経験的に述べた通り，植物の多様性は害虫の大発生を抑制する働きがあることを実証したものである．

　植物の多様性が，植食者の密度を下げる効果には，他にも**資源集中仮説**（resource concentration hypothesis）と呼ばれるメカニズムも考えられている．植物の種数が増えると，一種あたりの密度が減るため，それに特殊化した植食者は資源を見つけることが困難になり，密度が減少する，というものである．重要なのは，混植が植食者の密度を餌植物の密度以上に減少させる点である．スペシャリストの植食者でこの現象は比較的広く認められているが，ジェネラリストではそうした傾向はないようである（Andow 1991）．資源集中仮説は，植物と植食者の関係に限らず，病原菌と宿主の関係でも広汎に知られている．

(2)　消費者の多様性の効果

　消費者である動物の多様性が生態系機能に与える仕組みは，植物の場合に比べて少し複雑である．少なくとも，資源の性質の違い，行動の複雑さ，雑食の存在，の3つの要素が関わってくるからである．まず植物では資源の種類が栄養塩や光など，どの場合も大差はないが，動物では生息地により餌生物の種類が大きく変化する可能性がある．また，動物は行動が複雑で可塑性に富んでいるため，資源の利用の仕方や餌生物の行動にも可塑性がある．さらに，雑食は捕食者間の食いあい（ギルド内捕食）を起こすので，多様性の負の効果が生じる．

　採食方法が捕食者の種により異なる場合，餌種が一種であっても多様性の効果は期待できる．たとえば，待ち伏せ型の捕食者であるメクラカメムシと探索型の捕食者であるテントウムシでは採食方法が違うので，両種の存在下でアブラムシの密度の抑制効果が高まる（Snyder et al. 2006）．しかし，採食効率の高い特定

の捕食者がいる場合は多様性の効果が検出されず，その捕食者がいるかどうかによって害虫の防除効果が決まる（Straub & Snyder 2006）．さらに，捕食者の種間での食い合いにより，捕食者が複数いる場合の方が，むしろ害虫の密度が高まることさえある（Finke & Denno 2004）．こうした多様性の効果の欠如は，餌が1種しかいないため，捕食者間の資源分割が困難であることが原因と考えられる．

　消費者の多様性の効果が，餌種の多様性によって引き出されることを実証した例もある．Gamfeldtら（2005）は，3種の繊毛虫類（消費者）と3種の藻類（餌）を用いた室内実験により，大変興味深い結果を得ている．まず消費者全体のバイオマスは，消費者が1〜2種の場合に比べて3種いる場合にもっとも大きくなった．これは過剰収量の存在を示している．さらに，消費者が3種いる場合では，餌の種数が多いほど消費者全体のバイオマスは高くなり，餌種が3種の場合は，1〜2種のどの組み合わせよりも高かった（図5.12）．これは，栄養段階間で多様性の相乗効果があったといえる．餌種が多い場合に，消費者の資源分割が容易になり，消費者間の相補性効果が増強されたからであろう．

　捕食者の多様性の効果には，餌を摂食する以外のプロセスも関与することがしられている．餌は，しばしば捕食者の存在を認知すると行動を変えるが，それが間接的に餌の摂食量を減少させることがある．これは**行動を介した間接効果**（behaviorally mediated indirect effect）と呼ばれ，陸上の草食動物や，淡水の魚類などで知られている．Byrnesら（2006）は，3つの栄養段階，すなわち捕食者と

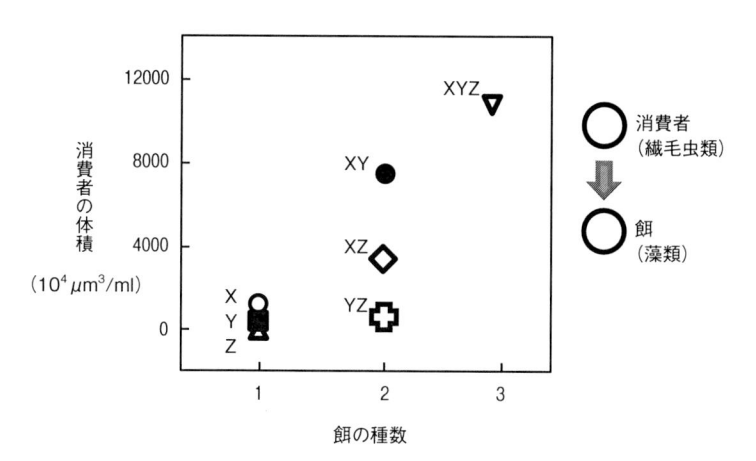

図 5.12 餌（藻類）の種数と繊毛虫類（消費者）の体積の関係．図中のアルファベットは，餌種の組み合わせを示す．

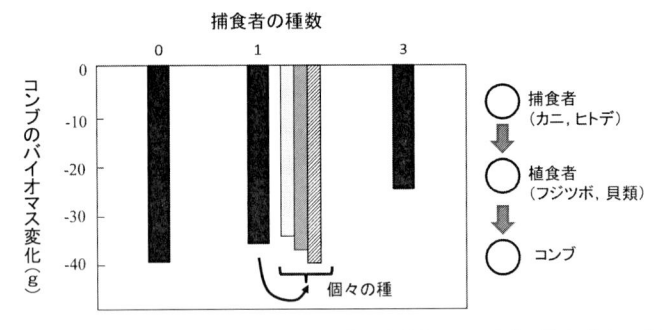

図 5.13 捕食者の種数が異なる条件下におけるコンブのバイオマスの変化．植食者はいずれの場合も同じ5種の組み合わせである．Byrnes et al.（2006）を改変．

してカニやヒトデ，餌としてフジツボや貝類，そして餌の餌としてコンブを使った実験を行ない，捕食者の多様性が餌の行動変化によってコンブのバイオマスに与える影響を評価した．餌に対する捕食者の摂食は起こらないが，餌が捕食者の動きや匂いは感知できるという巧妙な実験装置を作って調べたところ，多様な捕食者の存在下で消費者による昆布の摂食量がもっとも低下した（図5.13）．しかも，捕食者3種の場合には，どの種が単独の場合よりもその効果が高かったのである（超過剰収量）．個々の餌種はそれぞれ特定の捕食者に対して摂食行動を抑制したからであり，ニッチ分割と同じ仕組みが強く働いたのである．こうした行動の抑制による多様性の効果は，まさに動物ならではのものである．

5.4　その他の話題

　種の多様性と生態系機能の関係を論じるうえで，注目すべき問題は他にもいくつかある．ここでは，そのうちで重要なものを取り上げる．

(1)　種数か機能群の数か？

　種の多様性と生態系機能の関係に，果たしてどの程度「種の多様性」が効いているだろうか．すでに述べたとおり，サンプリング効果では特定の種の特性が重要となる．また相補性効果がある場合にも，種の多様性より種がもつ機能の多様性が重要であるという議論がある．植物を例にとると，窒素固定をするマメ科植

物，C3 植物，C4 植物，多年生か 1 年生か，といった性質の違いが，群集全体の生産性を高めている可能性がある．その場合には，機能を保つために必要な多様性（種数や機能群数）は一桁で足りるかもしれない．一般に種数と機能群数は相関するので，注意深い実験デザインを組んでそれらの効果を検証する必要がある．ここ 10 年間に行われた実験研究によれば，機能群の多様性の効果は確かにある程度は効くが，純粋な種の多様性の効果はやはり重要性が高いことがわかっている（Tilman et al. 2006 など）．これは何も驚くにはあたらない．そもそも機能群は，人間からみたニッチの明らかな違いに基づいて分類されたものだからである．従来の機能群の括りはあまりに大雑把な物差しであり，機能の違いを正しく反映しきれていないのは当然であろう．

　同じ機能群内に何種もの種が存在することを**機能的冗長性**（functional redundancy）という．冗長という言葉は，もともと無駄を意味するが，生態系機能の文脈では必ずしもそうではない．ポートフォリオ効果や変動の負の共分散の効果から明らかなように，環境応答が異なる種が群集中に含まれていることは，変動環境下で機能の安定性を保つうえで大変重要である．このように，同じ機能群に属するが環境応答を違う種が存在することを**反応の多様性**（response diversity）という（Elmqvist et al. 2003）．反応の多様性は，変動環境下で機能を維持するための「保険」とみなされることから，その存在が果たす役割を多様性の**保険仮説**（insurance hypothesis）と呼んでいる．

(2)　種の均等性はどの程度重要か？

　種の多様性の尺度には，種数と均等度がある（第 4 章参照）．生態学の多くの理論研究や実験研究は，圧倒的に種数に注目してきたので，均等度にそもそもどのような意味があるのか，よくわかっていなかった．しかし，最近の研究の発展により，均等度の意味を実証する研究が徐々に報告されている．

　均等度の効果は，種数の場合と同様に，機能のレベルを上げる効果と安定化をもたらす効果の双方が存在する．植物の種数を一定にして均等度のみを変化させた野外実験によれば，均等度が高い群集では侵入する植物種が少ないことが明らかになった（Wilsey & Polley 2002）．その仕組みはよくわかっていないが，おそらく均等度が高い場合にニッチ分割が有効に働き，土壌中のトータルの資源が減少したためと考えられる．言い換えると，均等度が低い場合は資源利用が偏るた

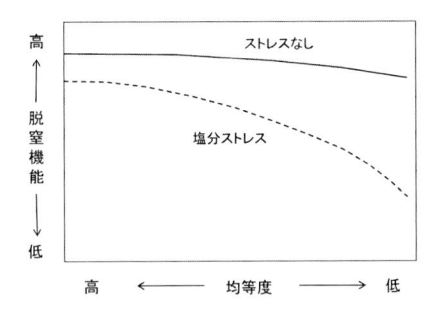

図 5.14 実験初期の均等度が異なる微生物群集における脱窒能力の比較. Wittebolle et al.（2009）を改変.

め，空きニッチが生じやすかったのだろう．これは相補性効果と同じ仕組みである．

　均等度は機能の安定性にも貢献している．窒素化合物を無機化する細菌（脱窒菌）18種類を用いて均等度と脱窒機能の関係を調べた実験によると，塩類ストレスのない条件では，均等度の効果はなかった（図5.14：Wittebolle et al. 2009）．しかし，塩類ストレス下では，均等度と脱窒機能に正の相関があり，均等度が高い場合にはストレスがない場合と同程度の機能を発揮できた．均等度が高いと塩類耐性のある細菌が速やかに増殖できたのに対し，均等度が低いと耐性のある細菌の初期密度が低いために速やかに増殖できなかったことが原因と考えられる．これはサンプリング効果と同じ仕組みである．

　このように，均等度も種数と同じような過程で生態系機能に貢献している．よく考えると，種数の減少は，均等度が極端に減少して種が絶滅した結末として位置づけることができる．種の絶滅より前に均等度の低下が起こるとすれば，種数の減少よりも前に機能の低下は起きているはずである．これは生態系機能の保全を考えるうえで，均等度も考慮すべきことを示唆している．

(3) 複数の生態系機能を考える

　生態系の機能には本来さまざまな尺度がある．それは人間の視点から定義された生態系サービスを例にとっても明らかである．しかし，従来の生物多様性と生態系機能の関係の研究では，ほとんどが単一の機能を扱ってきた．一方，実際は同じ種が複数の機能をすべて高める能力をもっていることはありそうにない．例

えば生産性と乾燥耐性にはトレードオフがあり，その両立は困難であろう．

　Zavaleta et al. (2010) は，Tilman らの野外実験データを使い，8種類の機能（地上の生産性，土壌窒素量，外来種の侵入抵抗性，植食者の量など）をいずれも高レベルで実現する植物群集には，どれほどの種数が必要かを推定した．ここでは「高レベル」の基準を以下のように定めた．まずそれぞれの機能の最大値を，すべての種の組み合わせのうちから選んだ．つぎに各機能について，最大値の60％を達成した実験プロットを「高レベル」と定義した．解析の結果，5つ以上の機能を高レベルで維持することができた実験プロットは，16種（実験の最大の種数）の場合でもわずか0～20％であり，7つの機能を高レベルで維持できた実験プロットは皆無であった（図5.15）．機能間のトレードオフとしては，植物体の窒素量と外来植物の侵入率の間に負の相関がみられ，それらは両立しない機能であると推察された．

　このように，ある群集が複数の生態系機能を同時に発揮するには，単一の機能のみを想定した場合よりもはるかに多くの種が必要となる．また複数の機能を実現させるには，多数の種から構成される一つの大きな群集ではなく，種構成の異なる複数の群集の存在が必要なのかもしれない．これは種の多様性より一つ階層が上の「群集の多様性」，あるいは β 多様性の重要性を意味している．これについては，第III部の「生態系の多様性」で詳しく触れることになる．

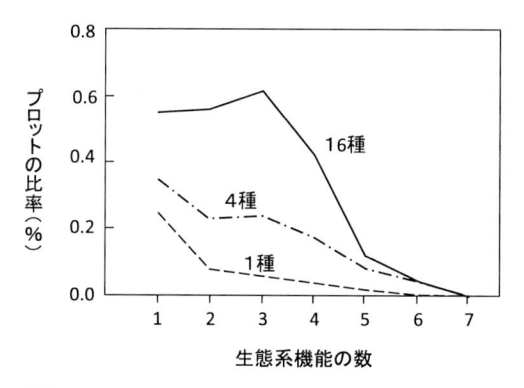

図 5.15　種数の異なる植物群集において，複数の生態系機能を高レベルに維持することができた実験プロットの割合．Zavaleta et al. (2010) を改変．

(4) 種多様性と生態系サービス

　種の多様性と生態系機能の関係を解き明かす実証研究は，当初はもっぱら植物の多様性と生産性（ないしは現存量）との関係を扱ってきた．一次生産は生態系の基盤であり，その重要性は疑いないが，生態系機能の種類はきわめて多岐にわたる．最近では，このような生態系の基盤サービス以外の研究も進んでいる．たとえば，環境負荷の原因となる窒素化合物の分解や吸収に，微生物や藻類の多様性が貢献していることが明らかになっている（Wittebolle et al. 2009, Cardinale 2011）．さらに，我々の日常生活に直接関わる農作物の害虫防除や送粉サービスの研究も盛んになっている．これは，多様性と機能の関係を明らかにする研究が，多様性保全の概念的な枠組みを提供する段階を超え，保全や管理の場における実用的な意義を実証する段階に移行しつつあることを示唆している．害虫防除についてはすでに消費者の多様性の効果の項（116ページ）で簡単に触れた．ここでは，作物生産と直接的な結びつきが強い送粉サービスに，送粉者の多様性が関与している例を紹介する．

　動物による農作物の送粉サービスは，世界の食糧生産の35％を支えており，金額に換算すると世界で年間1200億ドルにも上る（Costanza et al. 1997）．最近では，病気の蔓延や殺虫剤の影響などでミツバチが各地で減少しているため，野生のハナバチ類の送粉の重要性が高まっている．

　ハナバチの種多様性は，コーヒー，スイカ，カボチャなどの作物の結実率に貢献していることが知られている．インドネシアのコーヒーの例では，ハナバチの種数が4種から20種に増えることで結実率が60％から90％に増加した（図5.16：Klein et al. 2002）．また，同じくインドネシアのカボチャの例では，ハナバチが3種から10種に増えることで，果実あたりの種子数が200から400に増えた（図5.16：Hoehn et al. 2008）．コーヒーでは多様性の効果が生じたメカニズムはよくわかっていないが，カボチャではハナバチのニッチの違い（日周性，訪花場所の高さ，体サイズ）がもたらす相補性効果が重要と考えられた．またハナバチの多様性は，結実の安定性にも貢献していそうである．アメリカのスイカの例では，スイカの花に訪花するハナバチの種構成は年変動が非常に大きく，優占種が年によって変化するという報告がある（Kremen et al. 2002）．これは，種によって時間変動が非同調であることを意味し，多様性が生態系機能に与えるポートフォリオ効果ないしは負共分散の効果が存在することを示唆している．

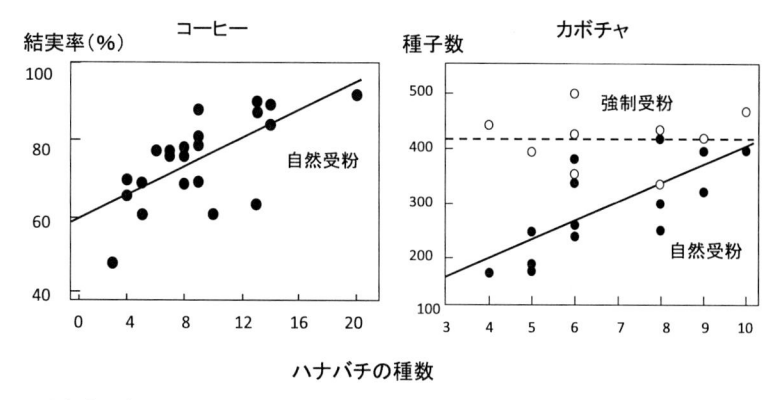

図 5.16 調査地に訪れたハナバチの種数とコーヒーの結実率およびカボチャの果実あたりの種子数の関係. Klein et al.（2002）と Hoehn et al.（2008）を改変.

5.5　おわりに

　種の多様性と生態系機能の関係を，実証的に解き明かす研究が始まってからまだ歴史は浅い．そのため，どの状況で多様性が生態系機能に貢献しているのか，またそのメカニズムは何なのかについては，未解明な部分が多い．しかし，ここまで紹介してきたように，種の多様性は生態系機能を高めるうえで重要であるという証拠は続々と出されている．一方，植物の生産性など，単一の機能のみを考えた場合には，せいぜい数十種で機能は頭打ちになる（図 5.17）．そのため，生態系機能を維持するには，一見それほど多くの種が必要ではないように思える．しかし，環境変動，つまり時間軸を考えると，機能を安定的に維持するための反応の多様性は不可欠である．また環境の空間的異質性を考慮すると，ある機能を広域に維持するのに必要な種数はさらに高まる．局所環境の違いにより，機能を発揮するために必要とする種の組み合わせが異なる可能性があるからである．そして何より重要なのは，生態系機能は多岐にわたることである．それらを同時に満たすには，単一機能で考えるよりもはるかに多くの種が必要となる（図 5.17）．以上のさまざまな要素を考慮に入れると，生態系機能を持続的に維持するには，相当な数の種が必要であることは間違いない．最近のメタ解析によれば，年，場所，機能の種類，将来の環境変動シナリオなどの違いを考慮にいれると，147 種の草本植物のうちの 84％が少なくとも一度は何らかの生態系機能に貢献していた

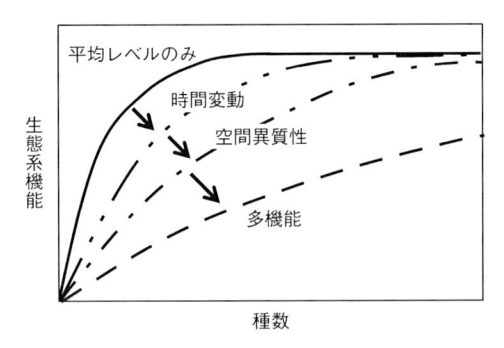

図 5.17 種の多様性と生態系機能の関係を表す模式図．時間変動，空間異質性，機能の多様性などを考慮すると，十分な機能を発揮するには相当に多くの種数が必要と思われる．Jackson et al. (2009) を改変．

ことがわかっている（Isbell et al. 2011）．

　一方で，生態系にはキーストーン種のように，他の種に比べて格段に機能的な重要性の高い種が存在することは経験的に知られている（Power et al. 1996）．そうした種の特定は，生態系の保全や復元の実践の場では重要である（Suding & Hobbs 2009）．さらに，食物網の高次捕食者はもともと種数が少ないので，ある1種が絶滅することの効果は，下位の栄養段階の1種に比べて大きいに違いない．このように，各種はどれも同等な機能をもっているとはいえないことも事実である．しかし，キーストーン種自体も条件によって変化することも，いまや明らかになっているうえ（Kotliar 2000），キーストーン種にも冗長性が必要かもしれない．そもそも我々の現在の知識レベルでは，将来の長期的な環境変動を正確に予測することはできない．こうした状況では，可能な限り多くの種を保全することが予防措置として重要であるとともに，種の多様性の機能をさまざまな状況下で解き明かす試みが今後とも重要である．

第 III 部
生態系の多様性

第 III 部
生態系の多様性

第 6 章 生態系の構造

　生態系は，非生物的環境と生物群集とが相互作用して形成されてきたシステムである．生態系における生物の種間関係や生物と非生物的環境との関係は，非常に多様かつ複雑であるが，特定の物質やエネルギーの流れに着目すれば比較的単純な図式で表わされる．たとえば炭素循環を例にとると図 6.1 のようになる．生態系に限らずシステム一般は，こうしたノード（この場合は栄養段階）とリンク（物質の移動経路やその強さ）の組み合わせで基本構造が記述される．生態系を一つの自律的な実態として捉えると，物質循環は系のなかで完結することになる．しかし，実際に我々が定義する生態系は，外部の生態系と物質や生物の出入りが行われている．そのため，閉鎖系ではなく開放系として捉えるのが適当である．ただし，系としてみなす以上，系内では系外よりも関係性が強いのは当然である．こうした系同士の緩いつながりは，後述するように生態系の多様性がもつ意味を考えるうえで重要となる．

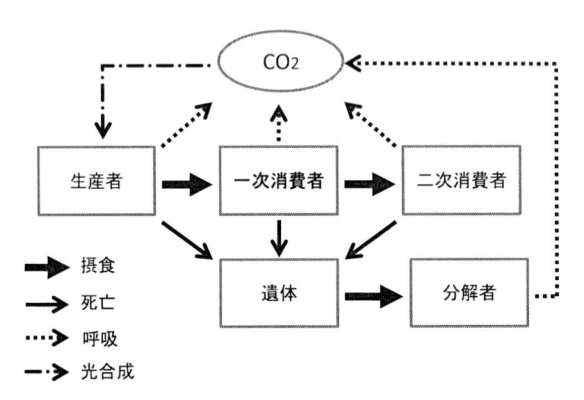

図 6.1 生態系の炭素循環の模式図．摂食により有機炭素は食物網を移動し，呼吸により二酸化炭素として大気中に放出される．

6.1 生態系の階層性

我々がもつ生態系のイメージは必ずしも固定されたものではない．もっとも大きなスケールでは，地球を丸ごと一つの「生態系」と捉えることもある．地球温暖化に代表される環境変化は，まさに全球規模で物事を捉えることで，問題の機構解明やその克服手段を考えることが可能になる．しかし，生態系といえば，一般に地球環境を構成する要素（部分）のことをさす．具体的には，森林や草原や河川など，**相観**（physiognomy）と呼ばれる外見から定義されることが多い．これは多くの入門的な教科書や一般書に出てくる生態系の事例であるが，目的によっては樹洞の小さな水溜りなど，たいへん小さなスケールの実体を一つの生態系とみなすこともできる．そのなかでも生産者や消費者などからなる食物網が成り立っており，外部環境と区別可能な物質やエネルギーの流れが存在するからである．こうした空間スケールの違う生態系では，必然的に生物間の相互作用や生物と物理環境との相互作用が生じる速度，つまり時間スケールにも大きな違いがある．したがって，生態系は相観や空間スケールで一意的に定義できるものではなく，階層的に成り立っている実体と考えるのが適当である．ここで重要なのは，上位の階層は下位の階層を必ず制約している点である（図 6.2）．たとえば，森林という物理環境は樹洞の小さな水溜りの物理環境を規定するし，森林の生物群集の一部が樹洞の生物群集を構成することになる．こうした階層的な視点は，生態系の多様性が形成される仕組みを論じるうえで重要であるとともに，生態系の多

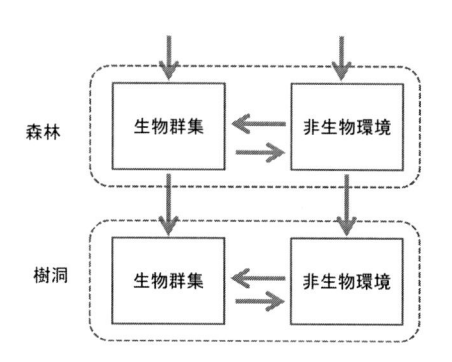

図 6.2 生態系の階層間および階層内における構成要素の関係性．

様性がどのような時間・空間スケールで意味をなすかを考えるうえでも重要となる.

6.2 生態系プロセスの変異

　異なる生態系は相観などの見た目だけではなく，物質生産や物質循環などの生態学的な特徴もしばしば大きく異なる．陸域と水域の生態系はその典型であり，一次生産量を決める要因が大きく異なる．陸上では降水量と気温で生産量が決まり，その違いが相観の異なる常緑樹林，落葉樹林，ステップなどの**バイオーム**（生物群系）を形成するのである．一方，海や大きな湖沼では降水量や気温よりも，水中の窒素やリンなどの栄養塩量が大きな制限要因となる．海洋では，陸域から供給される栄養塩が，河口域，藻場，サンゴ礁に代表される沿岸域の高い生産性を支えている．また湧昇流によって海底から栄養塩が巻き上げられる場所でも生産性は高まる．一方，外洋は栄養塩に乏しく生産性は極めて低いことが多い．

　陸域と水域では，主たる一次生産者がそれぞれ維管束植物と植物プランクトンであるという違いもある．これが生態系の構造やエネルギーの流れに大きな違いを生みだしている．維管束植物は維管束や木部からなる堅固な支持器官が発達しており，さまざまな化学的防御物質も備えている．特に樹木では，植食者が摂食

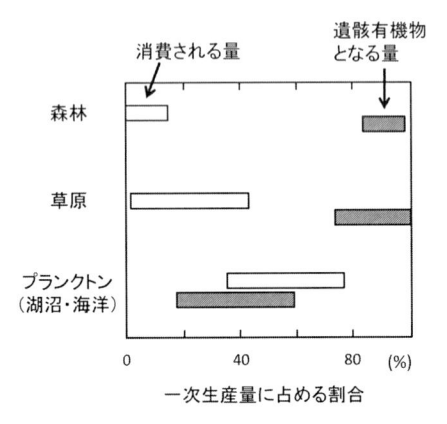

図 6.3　一次生産量のうちで植食者に消費される割合（白い棒）と，遺骸有機物となって腐食食物連鎖に流入する割合（黒い棒）の，生態系間での比較．Cebrian（1999）を改変．

できない木部がバイオマスの多くを占めている．一方植物プランクトンは，消費者である動物プランクトンより小型で，支持器官や防御物質が未発達である．そのため，一次生産量のうち消費者によって消費されるエネルギー量は森林で5％，草原でも25％程度であるが，海や湖沼では50％にも達する（図6.3：Cebrian 1999）．こうした違いは，腐食食物連鎖（分解系）に流入する有機物の量にも反映される．森林では生産量の大部分は腐食になるのに対し，海や大きな湖では腐食になる量は通常50％以下である（図6.3）．こうした明確な違いは，物質循環の速度の違いを生みだす．すなわち，水域生態系では陸域生態系より物質循環の速度が速く，草原生態系では森林生態系よりも速度が速いことになる（Rooney et al. 2008）．こうした生態系の生産量や物質循環の速度の違いは，多様な生態系が存在することの意義をもたらすが，それについては後述する．

6.3　生態系の異質性とその成因

　相観で定義される生態系も空間的に均一ではなく，さまざまな異質性が存在する．たとえば，ブナ林には高木が優占する部分と，倒木によって地表面が明るくなり，草本や低木が優占するギャップが存在する．また河川では，流速の違いによって瀬や淵が形成されるし，堆積物で流路が変わることで水たまりや後背湿地ができる．降水量や温度などのマクロな要因が同じであっても，こうした環境の異質性ができるのは，①地形や地質の異質性，②生物による環境形成作用，③撹乱の3つの要因が深く関与している（Franklin 2005）．

　地形や地質の異質性の効果は，**物理テンプレート**（physical template）とも呼ばれ，生態系の特徴を強く規定する鋳型のような役割を果たしている．こうした生態系の土台の異質性は，そこに棲みつく植物や動物を規定し，異質な生物群集を創りあげる．さらに物質生産や有機物の分解など，生物の活動により生態系の物理化学性が変化する．これは概して異質性を高める効果をもつと考えられる．さらに火山の噴火や山火事，洪水などの撹乱は陸上生態系で広くみられる．これら撹乱の種類，頻度，強さは，バイオームレベルでも異なるが，バイオーム内でも上記の物理的条件に応じて一様ではない．物理テンプレートと撹乱が相互作用することで，生態系の時間的・空間的な異質性を創出することになる（Franklin

2005).こうした撹乱の時間的,空間的パターンを**撹乱レジーム**（disturbance regime）と呼び,空間異質性の創出や維持に重要な役割を果たしている.

　自然の撹乱だけでなく,人為による撹乱も重要である.たとえば日本の里山を構成する雑木林,水田,ため池,二次草地は,すべて人が食糧や燃料,住居の材料を確保するために造った生態系である.ただし,自然の撹乱と人為撹乱は,その規模や頻度などさまざまな点で異なっており,それらを同列とみなすのは危険である.地域に固有な撹乱レジームとは異なる人為撹乱は,進化史を通して形成されてきた生物群集に大きなインパクトをもたらす可能性があるからである.人為撹乱による希少種の絶滅はもちろん,外来種の蔓延もそうした影響の一つと考えられる.

6.4　景観と生態系

　生態系と関連の深い用語に「景観」（landscape）がある.ここでいう景観は,人間の見た目の景色ではなく,一般に生態系の上位の概念,すなわち複数の異なる生態系（例えば森林と草原）の組み合わせをさす.したがって,景観は複合生態系と言い換えることもできる.景観を構成する個々の生態系は**景観要素**（landscape element）と呼ばれる.一方,異質な内部構造をもった生態系（たとえば,遷移段階の異なる林分から構成される森林生態系）を景観と呼ぶこともある.この場合には,個々の構成要素（たとえば林分）が景観要素となり,全体の景観（あるいは生態系）を形作っている.したがって,景観の意味するところは,生態系の集合体の場合もあれば,空間的異質性をもった一つの生態系のこともある.最近の景観生態学では,それらを厳密には区別せず,まとめて景観の異質性と呼ぶことが多い.

　景観生態学は,こうした空間異質性の成因や,要素間の関係性,およびその時間的・空間的な動態を扱う分野である（Turner et al. 2001）.特に最近では,物質循環やエネルギー流の速度（生態系プロセスの速度）が異なる生態系間で物質や生物が移動することで,個々の生態系の特性はもとより,景観全体の特性がどのように変化するのか,というシステム論的な視点が景観生態学の主要課題にもなっている（図6.4：Lovett et al. 2005, Turner & Cardille 2007).言い換える

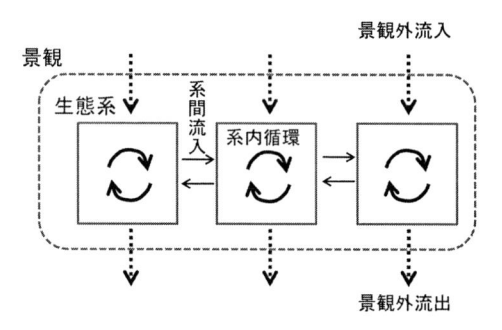

図 6.4 複数の生態系の相互作用により維持されている景観（複合生態系）の模式図．一般に相互作用の強さやプロセスの速度は，系内のほうが系間よりも大きい．

と，個々の生態系単独の効果に加え，それらが関係性をもった場合に初めて生じる相乗効果ないしは創発効果に注目している．これは生態系生態学と景観生態学の統合を目指すものであり，本章の主題である，「生態系の多様性とは何か，どんな意味があるのか」，という問いと密接に関係している．

6.5　生態系の多様性（景観異質性）の測り方

遺伝子や種のレベルでは，それぞれ多様性を測る指数が存在したが，同じような考え方は生態系の多様性を測る場合にも当てはまる．生態系レベルでの多様性を測る尺度は，地形学と密接に関係した景観生態学の分野で発展してきた．したがって，ここでは特に断りのない限り，「生態系の多様性」を「景観の異質性」という用語で置き換えて話を進める．

（1）　多様性の指数

景観の異質性は，一般に2つの要素に分けられる．一つは構成する景観要素の数や比率に関するもので，**組成の異質性**（compositional heterogeneity）と呼ばれている．もう一つは各要素の形状や景観内での分布に関するもので，**形状の異質性**（configuration heterogeneity）と呼ばれている．

組成の異質性は，種の多様性の尺度である種数や均等度に相当する概念である．つまり，景観内に存在する景観要素の種類数や各要素が占める相対割合であり，

種の多様性の場合と同様に，Simpson や Shannon の多様度指数（74 ページ参照）で表現されることもある．しかし，これらの組成に関する尺度は，景観要素の形状や空間配置などの空間情報は何も組み込まれていない．遺伝子や種の多様性の議論では空間情報はあまり重視されていないが，生態系の多様性においてはしばしば非常に重要である．これは後で述べるように，要素間の相互作用が多様性の効果を生じさせるからであり，どの要素とどの要素が隣接するかが重要な意味をもつからである．

形状の異質性は，景観要素の複雑性や，景観内での配置（たとえば集中しているか一様に分布しているか）などで表される．それらの指標には様々な種類があるが，ここでは代表的な例を 2 つ挙げる．

景観の複雑性を表す指標として，ある景観要素の面積（A）に対する周辺長（P）の比（P/A）がある．この値が大きいと，景観要素はより複雑な形状をしていることになる（図 6.5）．景観要素の境界はエッジとして広く知られているが，これが長いほど異なる景観要素から構成される局所的な面積が大きくなる．したがって，形状の複雑性は多様な局所環境を生み出す効果をもつ．ただし，この指標はある特定の景観要素（あるいはパッチ）にのみ注目していることや，面積との相関を排除しきれていないなど，注意すべき点もある．

景観のなかにパッチが多数ある場合には，ある景観を一つの P/A として表現するのではなく，パッチの大きさに応じて周辺長がどのように変化するかという指

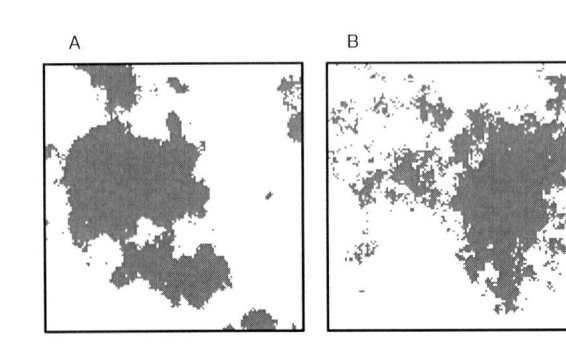

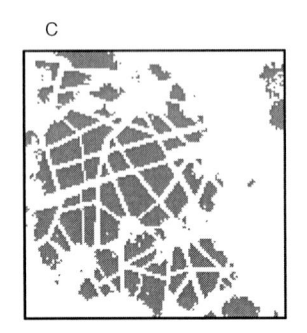

面　積：　　$A(5547)=B(5547)=C(5547)$
周辺長：　　$A(1546)<B(3550)\fallingdotseq C(3662)$
フラクタル次元：　$A(1.32)<B(1.51)>C(1.21)$

図 6.5　構造が異なる 3 つの景観におけるパッチの面積，周辺長，フラクタル次元の比較．黒い部分が注目する景観要素（パッチ）である．

標を算出することができる．

$$A = kP^d \quad (d, k は定数)$$

パッチが円や正方形などの単純な形状の場合，$d = 2$ となるが，複雑に入り組んだ形状になると $d < 2$ となり，極端に折りたたまれた形になると $d = 1$ に近づく．つまり，d が小さいほど複雑な形状をもつことになる．**フラクタル次元**（D）は，d の逆数を2倍した値であり，形状が複雑なほど値が大きくなる（$1 \leq D \leq 2$）．フラクタルとは，全体と部分が相似形で構成される形状のことであり，これを景観構造に当てはめれば，解像度を変えても同じような形状が現れる景観といえる．図 6.5 は，パッチ面積は等しいが，形状の複雑性が異なる3種類の仮想的な景観を示している．この図のBとCは面積だけでなく周辺長もほぼ等しいが，Bのほうが景観構造の異質性が高く，フラクタル次元もはるかに大きくなっている．一般に人為の影響が強い景観では，自然の地形から形成される景観よりもフラクタル次元は低くなる傾向が知られている（Turner et al. 2001）．これは道路，宅地，耕作地などでは周辺の形状は直線的になりやすいためと考えられる．こうした複雑性の違いが，種の多様性や生態系の安定性に与える影響も研究が進みつつあり，次章でも簡単に紹介することになる．

(2) 多様性の空間スケール

実際の景観の異質性（多様性）を算出する際には，空間スケールの特定が必要

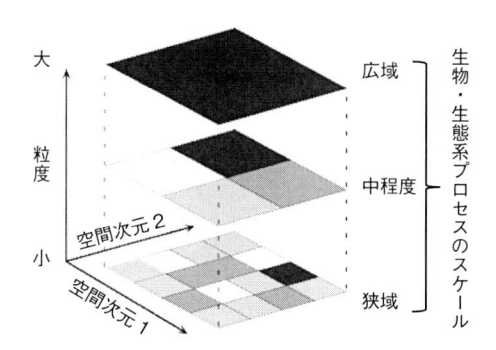

図 6.6 生物の種やグループ，ないしは生態系プロセスの種類によって異なる空間スケールの違い．Turner et al (2001) を改変．

になる．1 km^2 や 10 km^2 などの空間的な**範囲**（extent）が決まらないと，組成や形状の異質性を計算できないからである．物質の流れや生物の移動範囲など，研究の目的にかなった適切なスケールの選定が重要となる．空間スケールのもう一つの尺度として**粒度**（grain）が挙げられる．これは，データのもっとも詳細な空間解像度をいう．「範囲」は文字通り空間の広がりであるのに対し，「粒度」は解析のきめ細かさと言い換えられる．適切な解像度も目的とする事象によって変化する．たとえば特定の資源を利用するスペシャリストは，一般にジェネラリストに比べて景観の異質性に敏感に反応するので，細かな解像度による景観の評価が必要となる（図6.6）．また，生息域の広い種では広域面積の平均値がその種にとっての生息環境の指標となるだろうが，生息域の狭い種では狭い範囲の異質性に反応し，密度などが局所的に大きく変化するに違いない．生物が認識ないしは感知する解像度が，種の系統や生態的特性によって異なるのは，ある意味当然ともいえる．これは物質の移動などの生態系プロセスについても同様であり，大気に関わるプロセスと土壌に関わるプロセスでは，範囲や粒度が大きく異なる．

第 III 部
生態系の多様性

第 7 章　生態系多様性の意味

「生態系の多様性」は，さまざまな空間スケールで普遍的にみられる．本章では，こうした生態系多様性がどのような意味をもっているかについて，「種多様性」および「生態系機能」の 2 つに着目して考えていく．

生物多様性が「生き物の多様性」を表すからには，それを主題に据えた場合に，生態系の多様性が種多様性にどのような役割を果たしているかに注目することはごく自然である．一方，生態系機能は「生き物の多様性」そのものではないので，それに注目することに多少の違和感があるかもしれない．しかし，生態系機能は現在の生態系を維持する原動力であるのは間違いなく，それが多くの種の存続基盤となっていることは疑いのないところである．そのため，生態系多様性→生態系機能→種多様性，という一連の関係を前提として，生態系機能に対する役割に注目することは合理的である．

生態系多様性の意味やその仕組みを考える際に参考になるのが，第 5 章で紹介した種多様性と生態系機能の関係性，およびそれが生じる仕組みである．種の多様性の機能には，物質の生産速度や循環速度などのレベルの向上と，時間変動の安定化という 2 つの側面があった．生態系多様性の意義についても同じ考え方，つまり多様であることで機能が増強され，新たな役割が発生するという共通の仕組みがあるに違いない．

7.1　生態系多様性が創り出す種の多様性

生態的ニッチの多様性は，進化生物学においても生態学においても大変重要である．進化生物学においては，生態的な種分化とそれによる種の多様化を創出す

る必要条件である．また，生態学においては，多種の共存を可能にする基本原理でもある．あらゆるスケールにおける生態系の多様性は，ニッチの多様性を生み出す原動力となる．これは種の多様性を創出し，維持するための根本的な仕掛けともいえる．

(1) ニッチ創出の2つの仕組み

生態系の多様性がもたらすニッチの多様性は2種類に大別される．一つは相加的効果，もう一つは相乗的効果である（図7.1）．

相加効果は，異なる生態系には異なるニッチが存在し，それが複数の生態系を合わせた全体の種多様性を高める効果である．森林生態系と草原生態系ではさまざまな環境条件が異なるので，当然そこに生息する種の構成は大きく異なる．また同じ生態系でも，その内部には異質な環境が存在するので，そこに棲む生物の種構成は異なる．たとえば河川の瀬と淵では物理環境が異なるため，そこに棲む水生昆虫の種構成は大きく異なる．このように，生態系の多様性は種のβ多様性を高める効果をもっているのである．この場合，他の条件に変化がなければα多様性は一定と考えられるので，結果的にγ多様性も高くなる．

相乗効果は，異なる生態系の組み合わせにより新たなニッチが生じ，それが種

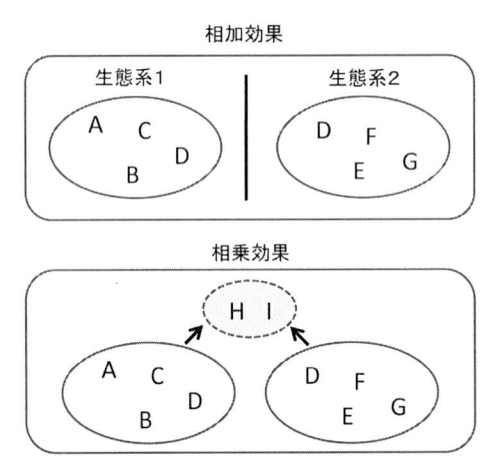

図7.1 生態系の多様性が生みだす種の多様性の相加効果（上図）と相乗効果（下図）の模式図．アルファベットは種を表す．HとIは，2つの生態系の存在で現れる新たな種であり，新たなニッチの創出として捉えることができる．

の多様性を高める効果である．自然界には，生活史の発育段階によって生息する生態系を変える生物があり，これらは複数の生態系を必要とする．両生類や水生昆虫のように，幼生や幼虫時に陸水中に棲み，成体や成虫になると森林や草地などの陸上生態系に移動するものや，回遊魚のように発育に伴って河川から海洋へと生態系を移動するものがその例である．これらの生物にとっては，複数の生態系の存在が絶対不可欠である．このように，複数の生態系が種の存続を支えている現象を**景観補完**（landscape complementation）と呼ぶ（Dunning et al. 1992）．営巣場所と採食場所がそれぞれ異なる生態系に属しているハナバチ類や一部の鳥類なども景観補完が当てはまる．

　一方，絶対不可欠とはいえないまでも，複数の生態系を季節や時間により使い分けている生物も数多い．ヒグマは秋に河川に遡上するサケ科魚類を餌としているし，イワナやオショロコマなどの渓流魚は，水中に餌が少ない夏の時期は，森林から落下してくる昆虫類をおもな餌としている（Nakano & Murakami 2001）．また，里山の代表的な猛禽類であるサシバは，春には水田に多く生息するカエル類を主食とするが，夏にカエル類が減少すると雑木林で発生するヤママユガ科の大型昆虫をおもに採食するようになる（Sakai et al. 2011）．これらの生物は，複数の生態系から発生する餌資源を季節的にうまく利用しており，個体群維持に貢献していると思われる．しかし，これらの生物はおそらく異なる生態系が絶対不可欠ではない．この場合，景観補完に対し，**景観付加**（landscape supplementation）という別の用語が当てられている（Dunning et al. 1992）．もちろん，景観補完か景観付加か，厳密に区別するのが困難な生物種も少なくないと思われる．

　生態系間ではなく，生態系内での環境の異質性も生物の存続にとって重要な場合もある．カリフォルニアの草原に棲むマルバネヒョウモンモドキは，越冬前の幼虫期は冷涼な北斜面が好適な環境であるが，越冬後は温暖な南斜面の方が好適になる（Weiss et al. 1988）．こうした地形の異質性ないしはモザイク性のある草原で本種は個体群を維持することができる．また別の事例として，地上に生息するジェネラリスト捕食者は，地上部で発生する植食性昆虫と，土壌から羽化する腐食性昆虫（おもにハエ目）の両方に依存している場合がある．森林の下層植生を棲みかとするクモ類は，春から初夏には土壌由来の腐食性昆虫に依存しているが，夏場には地上の植物を利用する植食性昆虫への依存度が高くなる（Shimazaki & Miyashita 2005）．実験的に地表をシートで覆って土壌から羽化する飛翔昆虫を

遮断すると，クモ類の種数や個体数が減少することがわかっている（Miyashita et al. 2003）．これは，水平方向ではなく，垂直方向の空間異質性が重要であることを示している．

(2) さらなる相乗効果

生態系の多様性は，上記のような景観補完や景観付加により，新たなニッチを生みだすが，その効果はそれに留まらない．食物網を通して，さらに高次の新たなニッチを生みだすこともある（図7.2）．たとえば里山に棲む高次捕食者であるトキは，水田や湿地に生息するドジョウや両生類などさまざまな生物を餌としている．ここで重要なのは，ドジョウも両生類も複数の生態系を必要とすることである．まずドジョウは，繁殖期に水田などの浅い止水域で繁殖し，ある程度成長すると水路や河川で生活する．水田で繁殖地する理由は，水田が植物プランクトンの生産性が非常に高く，稚魚の餌が豊富な好適な環境であるからである．そのため，水田に遡上できる水路では，ドジョウの密度が非常に高まることが知られている（西田・千賀 2004）．つまり，ドジョウは河川と水田という2つの生態系が連結していることで増えることができるのである．次に，もう一方の主要な餌である両生類（ヤマアカガエル，モリアオガエル，イモリなど）は，幼生期は水田で過ごすが，変態して上陸すると森林で暮らすものが多く，繁殖期には再び水田に戻ってくる．これらの種は森林の存在がほぼ必須であるので，景観補完の例

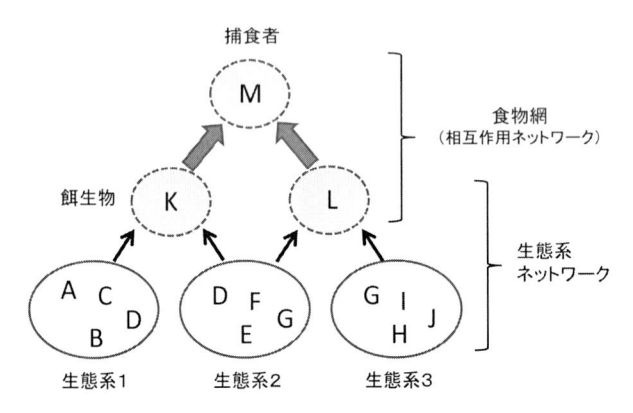

図 7.2 生態系の多様性が食物網を通して生みだす新たな種．捕食者は，異なる組み合わせの生態系により出現する2種類の餌種を利用することで，新たなニッチを獲得している．アルファベットは種を表す．

である．森林と水田が深い水路で分断されると，両生類が減少することが知られている（Kato et al. 2010）．このように，トキが安定的に餌を確保するには，これらの餌が高密度で存在できる異質な景観構造，すなわち水田，河川，森林の3種類の景観要素の組み合わせが必要なのである．つまり，生態系のつながりによる生態系ネットワークと，捕食被食の関係からなる生物間相互作用ネットワークという質の異なる2種類のネットワーク構造のうえに高次捕食者が存在しているのである．

(3) 異質性の度合いと空間スケール

ここまでは，複数の生態系があることで新たなニッチが出現することを述べてきた．しかし，個々の生態系の有無だけではなく，それらの相対的な比率や空間スケールが実際には生物にとって重要である．たとえば，水田と森林という2種類の生態系が，どの範囲でどの程度の比率で混在すればよいのか，という情報がないと種多様性の保全や再生を具体的に論じることはできない．こうした情報は，多数の個体の移動を長期間追跡できれば入手可能であるが，一般にそれは困難である．生物の個体数や種数についての分布データと，景観の異質性についての空間情報をもとに，統計解析によって有効な景観構造や空間スケールを推定することができる．

新潟県佐渡市の里山景観に生息するヤマアカガエルでは，半径300 m以内に森林と水田が6：4の面積比率で混ざる景観構造をもった水田で，産卵数がもっとも多いことが知られている（Kato et al. 2010）．この空間スケールについては，実際にアカガエルを個体識別して分散範囲を推定した過去の研究例とほぼ一致している（Osawa & Katsuno 2001）．

また里山の二次草地に生息するクモ類についても，やはり半径400 m以内に森林と水田が6：4の面積比率で混ざる景観で種数が多くなることがわかった（Miyashita et al. 2012：図7.3a）．さらに個体数の多い種を対象に，個体数を目的変数とした解析を行ったところ，8種中6種において森林と水田が適度に混合した景観で個体数がもっとも多かった（図7.3b）．草原性のクモがなぜ景観異質性に応答したかは定かでないが，両方の生態系に由来する昆虫類を利用できることで餌条件が向上したことや，森林が二次草地の人為的な撹乱からの逃避地としての役割を果たしていることが原因と考えられる．

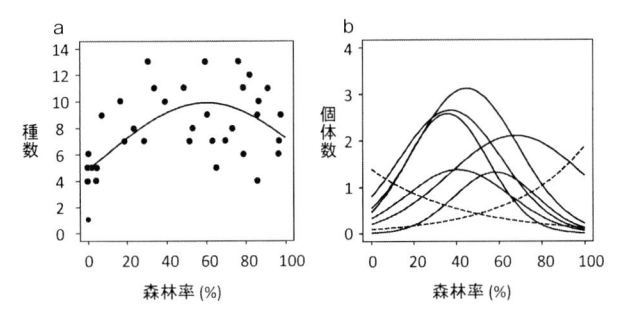

図 7.3 草地に棲むクモ類の種数および個体数と周辺の森林率との関係．種数については半径 400 m 以内の森林率，個体数については種により異なり半径 200〜1000 m の森林率である．種数の図中の点は各草地を表し，個体数の図中の曲線は各種を表す．Miyashita et al. (2012).

　一方，個体数を説明する最適な空間スケールはクモの種により異なり，200 m 程度の小スケールの種から 700 m 程度の大きなスケールを要求するものまでいた．これは種の分散力の違いに加え，個体群が存続するうえで必要な空間スケールの違いを反映していると考えられる．こうした種に特異的な空間スケールは，景観の組成や形状からでは表現できない別のニッチとみなすことができる．(Holt 2009)．この「スケールニッチ」ともいうべきニッチ軸は，これまで生態学のニッチ概念のなかでは全くといってよいほど触れられてこなかった．例として，水田に棲む生物のニッチとして，周辺の森林と水田の面積比率（組成）を考えよう．同じ水田であっても，空間スケールによって組成のニッチが変化する場合と，ほとんど変化しない場合がある（それぞれ図 7.4 の A と B 地点）．後者の場合は，

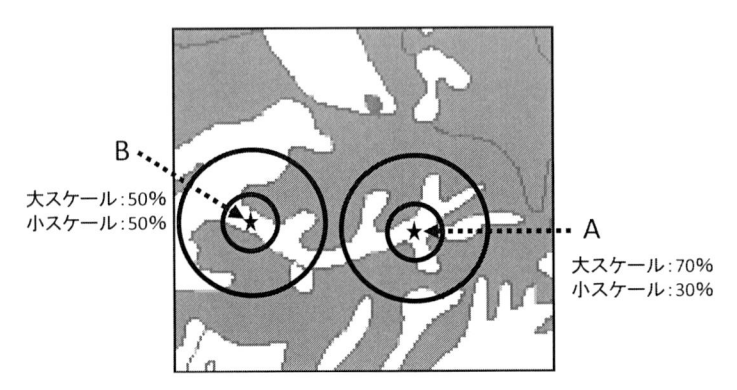

図 7.4 2 地点の水田（A と B）における周辺の森林率の空間スケールによる違い．

コラム 8

「形状の異質性」が広げる「組成の異質性」

景観の異質性の2つの要素である「組成の異質性」と「形状の異質性」は、一般に独立ではない。たとえば、ある景観要素の比率が高まるにつれ、その周辺長(エッジの長さ)は一山型の増減を示す。しかし、形状の異質性が組成の異質性を高める役割があることは意外に知られていない。さらに、種が必要とする景観組成がまったく同じであっても、その空間スケールが違うことで、生息適地の分布が違ってくることはほとんど論じられていない。

いま、水田と森林の2つの生態系を必要とする2種類の生物を考えよう。それぞれの種は、いずれも周辺景観の森林と水田の比率が40～60％の水田で生息可能であるが、必要な空間スケールは種Aが半径300m、種Bが半径600mであるとする。この場合、景観構造の複雑性によって生息適地はどう変化するだろうか。

まず複雑な景観と単純な景観で比べた場合、いずれの種でも複雑な景観で生息適地は約2～3倍多い。これは形状の複雑性により、組成の複雑な局所環境が増えたからである。特に、景観要素が入り組んでいる場所では、生息地が面的な広がりを示しており、単純な景観との対比が明確である。ただ、よくみると複雑な景観では、種によって生息地の分布が微妙にずれており、棲み分けの様相を呈している。空間スケールの小さいA種では、景観の細かな切れ込み部にまで生息地が広がっているが、空間スケールの大きいB種では、やや粗いモザイク構造の部分に分布が偏っている。

このように、景観構造の複雑さと種が必要とする空間スケールが相乗的に関係して種の分布パターンが決まり、それが局所的な種数や種構成の決定に深く関わっていると考えられる。

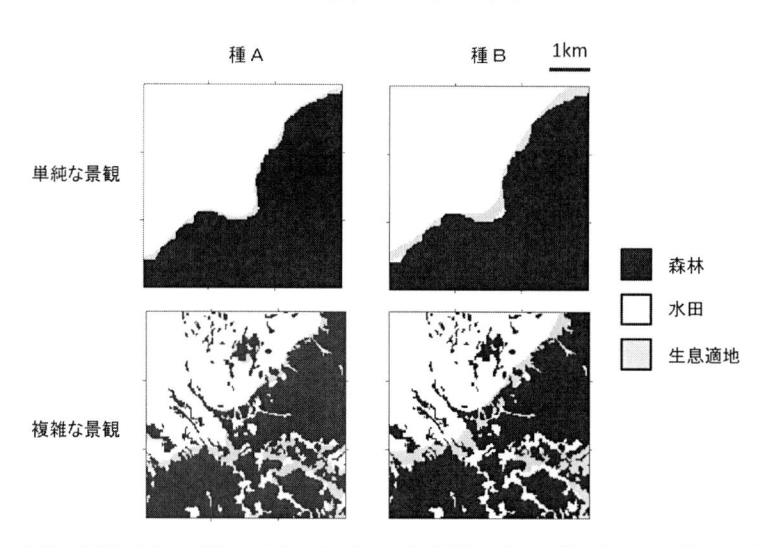

図 複雑な景観と単純な景観における2種の生物の生息適地。種Aと種Bは、それぞれ半径300mと600m以内に水田と森林が40～60％で混在する景観が生息適地である。

組成のニッチが同じであるが空間スケールが違うことを示しており，従来のニッチ軸では表現されなかったものである．こうした視点は，景観の異質性と種の多様性の関係性を考えるうえで非常に重要と思われるが，研究はほとんど進んでいない．

(4) 景観異質性はつねに多様性を高めるか？

以上のように，景観の異質性（生態系の多様性）は，β多様性を高める相加効果に加え，複数の生態系を必要とする生物に新たなニッチを提供することで種の多様性を高めるという相乗効果をもたらす．ニッチの数だけを問題にすれば，景観の異質性とともに種の多様性は高まるといえるが，実際それほど話は単純ではない．景観要素が多様なほど，個々の要素が景観中で占める面積は小さくなるのは必然である．そのため，特定のタイプの景観要素に専門化した種（生息地スペシャリスト），特に広範な面積を必要とする種にとって，景観の異質性は生息地の縮小や分断化を意味するはずである．農耕地の景観では，しばしば景観の異質性が種の多様性を高めることが知られている（たとえばKadoya & Washitani 2010）．これは，農地のみを本来の生息地としている種が少ないことを意味している．一方，森林性の鳥類などでは，景観の異質性が種の多様性を高める場合もあれば，低める場合もあり（Fahrig 2003），一般的な傾向はないようである．しかし，熱帯林と温帯林で比較すると，森林の断片化が種数に与える負の影響は，熱帯林の方が強いらしい（Fahrig 2003）．

異質性が種数に与える影響は，ニッチが多様化する正の効果と，生息地の分断化による負の効果のバランスで決まるのは間違いない．こうしたバランスは，地域の種のプールに依存すると考えられる．種のプールとは，ある地域の気候や地形，植生などの条件によって規定される種の集合体のことで，進化的歴史を反映したものである．たとえば，先に述べたように，広大な熱帯林が広がる地域では，歴史的に大規模な撹乱が少なかったため，異質環境に依存した種は相対的に少ないと思われる（Romme 2005）．この場合，特に人為が作り出した景観の異質性は，種数を低下させる可能性が高い（図7.5）．一方，温帯の農耕地などでは，人為や山火事，台風などの撹乱により長年にわたって環境の異質性が保たれてきた地域が多いため，異質な生態系に適応したさまざまな生物が生息している．そのため，異質性に対して種数は概ね正の応答を示すと思われる（図7.5）．先述の二

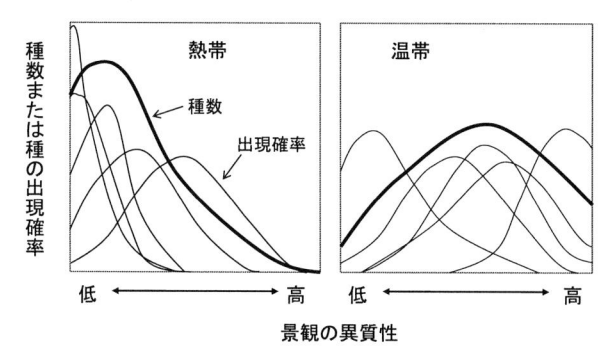

図 7.5 景観の異質性と種数あるいは種の出現率の想定される関係．進化史によって決まる地域レベルでの種のプールの違いにより，景観の異質性に対する応答は異なると考えられる．細い曲線は種ごとの出現確率を示す．

次草地のクモ類で，森林と水田が適度に混合した景観で種数が最も高かったのはその例であろう．もちろん，異質性がある程度以上になると分断化による負の効果が卓越し，多様性は減少すると思われる．この考えは，最近 Fahrig（2011）が提唱した，**中程度異質性仮説**（intermediate heterogeneity hypothesis），つまり異質性と種多様性の関係が一山型になる，という予測と同じである．ただし，この実証研究はまだ存在しないようである．

7.2　生態系多様性が支える生態系の機能

　遺伝子，種，生態系のいずれの階層においても，多様性は生態系の機能を向上させる役割をもっている．また機能の向上には，平均値の上昇と安定性の向上の2つの側面がある．第5章でみた植物群集の一次生産の向上や撹乱に対する速やかな応答は，その例である．こうした生態系機能の向上は，生態系サービスの向上に寄与するとともに，間接的に生物多様性の維持にフィードバックされると考えられる．ここでは生態系の多様性が，個々の生態系や複合生態系の機能の向上にどのような役割を果たしているかについて概説する．

（1）　物質・生物の往来による生態系機能の向上

　地球規模でのさまざまな物質の循環が，海洋と陸上という巨大なバイオームの

間で行われていることはよく知られている．陸上の主要な水の供給源は海洋であり，太陽エネルギーにより蒸発した海水は，風にのって陸上に広く雨となって降り注ぐ．陸上の水は，蒸発や植物からの蒸散により大気へ戻るとともに，河川を通して海へと戻っていく．こうした大規模な水文学的プロセスで生態系がつながっていることは明白である．

しかし，一般に生態系の多様性を問題にする場合には，もう少し小スケールでの多様性に注目する．ここではその例として，まず地球上で広くみられる陸上と河川および沿岸生態系との関係について説明する．

 a．河川は陸上の有機物が基盤 山間部を流れる渓流はその周囲を森林で囲まれており，日中でも日光が差し込む時間が短い．そのため，水中の生態系における生産者である植物プランクトンや付着藻類の成長は妨げられる．一方，周辺の森林からは落葉落枝などの有機物が多量に供給される．したがって，渓流の生態系内に存在する有機物の大部分は森林生態系の生産物であり，系内で生産される量はごくわずかである．アメリカ・ノースカロライナ州の渓流で行われた実験によると，森林からの落葉落枝の供給を 4 年間遮断した結果，水中の無脊椎動物のバイオマスは，6 分の 1 に減少することがわかった（Wallace et al. 1999）．これは渓流生態系が森林生態系に支えられていることを示す明確な証拠である．

 河川は下流に向かうにつれ川幅が拡大し，森林により被陰される面積割合が急激に減少する．すると河川生態系内で生産される植物プランクトンの量が増大し，その相対的な重要性は次第に高まる．しかし，周囲の森林から直接流入する有機物量に加え，上流域から微細な有機物も流下してくるので，陸域に由来する有機物量は依然として高い割合を占める（図 7.6：Begon et al. 1999）．

 河口域では森林などの陸域由来の有機物量は 2 割程度まで減少し，植物プランクトンや沿岸生態系に特有の干潟や藻場から生産される一次生産量が重要となる（図 7.6：Begon et al. 1999）．大陸棚では，植物プランクトン由来の一次生産量が 7 割を超えるが，陸域由来の有機物も相変わらず 2 割程度を占めている（図 7.6：Begon et al. 1999）．

 以上のように，陸域（おもに森林生態系）の存在は，河川，沿岸，大陸棚の各生態系を維持するうえで大変重要な役割を果たしており，魚類をはじめとする水生生物の種多様性の維持に多大な貢献をしていると考えられている．

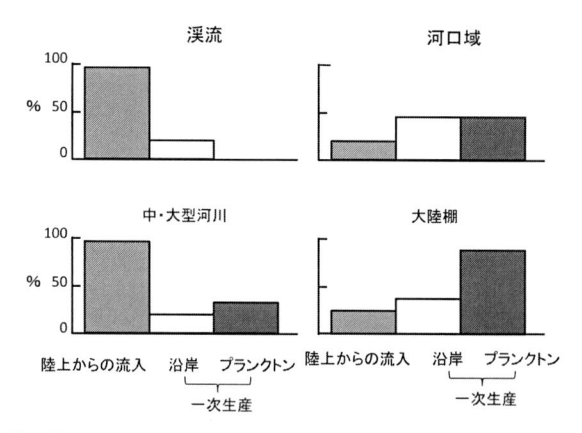

図7.6 異なる水域生態系における陸域からの有機物の流入と沿岸植物およびプランクトンの一次生産の相対的割合の比較. Begon et al. (2006) を改変.

b. 河川・海洋から陸上への影響 　陸域から河川，海洋への一連の物質の移動は，地球上でもっとも普遍的にみられる生態系のつながりであるが，海洋や河川から陸域への物質の移動も地域によっては重要である．

　島嶼生態系は周りを海に囲まれているので，海洋から漂着する海藻や動物の遺体，あるいは海鳥により運ばれる糞や吐き出し物などの有機物が陸域の生産性に寄与していることがある．特に，降水量が少ない島では陸上の生産性が低いため，海由来の有機物の貢献度合いが高くなる．メキシコのバハ・カリフォルニア州の沖にある島々では，面積が数 km^2 以下になると，海から供給される有機物量が陸上で生産される量よりも大きくなるらしい（Polis & Hurd 1996a）．またアフリカのナビブ砂漠では，海岸線から数百 m 内部にまで海由来の有機物による影響が及ぶことが知られている（Polis & Hurd 1996b）．

　海から陸への供給される有機物の重要性は，それが何らかの要因で遮断された場合に顕著に見てとれる．島では多くの外来種が導入されているが，外来の捕食者が導入されると，島で繁殖する海鳥が激減することが多い．アリューシャン列島の島々では，人間が毛皮生産のために導入したホッキョクギツネが，島で繁殖するウミスズメやウミツバメを捕食して個体数を激減させた．それにより，これら海鳥が海から持ち込む有機物が減少し，土壌中のリンの量が3分の1に減少，さらに植物の現存量も半分以下になった（Croll et al. 2005, Maron et al. 2006）．また，ニューカレドニアの沖にある小島では，クマネズミの侵入によりカツオド

リなどの海鳥が捕食されて減少し，栄養塩に富んだグアノ（糞や吐出物など）が減少したため植生が衰退したと考えられている（Watari et al. in press）．

　河川から陸域への物質の供給は，洪水などの物理的過程によることが多い．しかし，サケ科魚類が海から河川へ遡上する地域では，動物による栄養塩の移動が重要となっている．サケ類は河川で産卵してそこで寿命を終えるが，ヒグマや中型の肉食動物によって周辺の森林などに有機物が持ち込まれる．これは北太平洋の沿岸地域で広くみられるようである．アラスカで行われた調査によると，河川沿いのシトカトウヒの葉に含まれる窒素安定同位体比は，サケ類が遡上する河川周辺ではるかに高い値を示した（Helfield & Naiman 2001：図7.7a）．これはシトカトウヒが，安定同位体比の高いサケ類に由来する窒素を利用していることを示唆している．おそらくそれが原因で，シトカトウヒの成長率は3倍以上も高くなっていた（図7.7b）．また，窒素の移動量は，海と河川をつなぐサケ類と，河川と陸域をつなぐ肉食動物の双方が存在することではじめて高くなる（Helfield & Naiman 2006）．どちらか一方が存在するだけでは，森林の生産性は上がらないのである．一方カリフォルニア南部のように，サケ類が遡上しても，すでにヒグマやオオカミが絶滅した地域では，アライグマやハゲタカがその役割を果たしている．この地域では，河川沿いにブドウの栽培が盛んであるが，河川から数百メートル離れた場所でも，ブドウ中に含まれる窒素分の約20％が海由来であり，生産

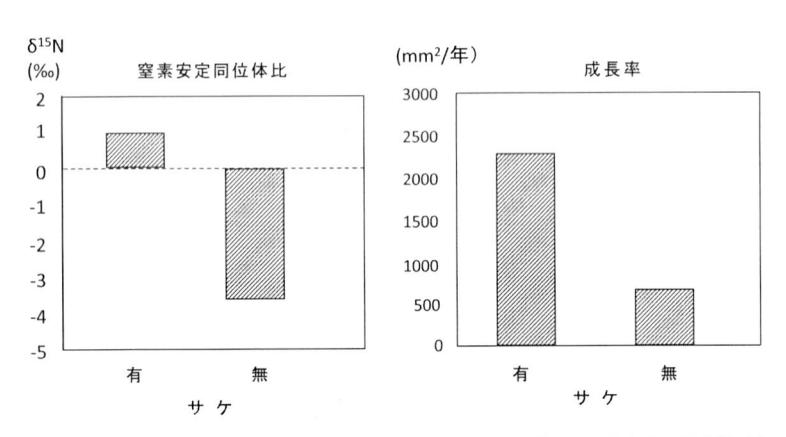

図7.7 サケ類が遡上する河川としない河川におけるシトカトウヒの葉中の窒素安定同位体比（左：‰は1000分の1の単位）および幹の断面積の成長率（右）の比較．Helfield & Naiman（2001）を改変．

性の向上に一役かっている（Merz & Moyle 2006）．

c. 消費者の移動が維持する生産性　これまでは物質が生態系の間を移動することで，受け手の生態系の生産性が上がることを述べてきた．これは，生態系や食物網の中のエネルギーや物質の流れを下支えするボトムアップ効果である．しかし，生態系のつながりはボトムアップ効果だけではなく，生態系間を移動する生物による消費の効果，つまりトップダウン効果の果たす役割も重要である．

サンゴ礁は，熱帯や亜熱帯の沿岸を代表する生態系であり，生産性も種の多様性も非常に高いことで有名である．サンゴは，ポリプと呼ばれる触手により水中のプランクトンを摂食するが，ポリプ内の細胞に光合成を行う褐虫藻を共生させ，そこから養分を摂取している．サンゴ礁の生態系は，陸域から供給される有機物で下支えされている．その一方で，サンゴ礁の生態系の維持にとって，マングローブ林と行き来する藻類食の魚類が重要であることが知られている（Edwards et al. 2010）．藻類食の魚類は，サンゴの表面を覆い，光をめぐる競争者となる藻類を摂食してくれるからである．魚類による摂食が少ないと，サンゴが死滅して藻類が優占する状態に変化してしまう．これは生態系のレジームシフトの例であり，これが起こると，種の多様性も大きく低下する．カリブ海での研究によると，サンゴ礁を健全な状態に維持するには，魚類が棲むマングローブ林が 10 km 以内にあることが望ましいようだ（Edwards et al. 2010）．

農地においては，農作物の収量を維持するうえで生態系の多様性が重要である

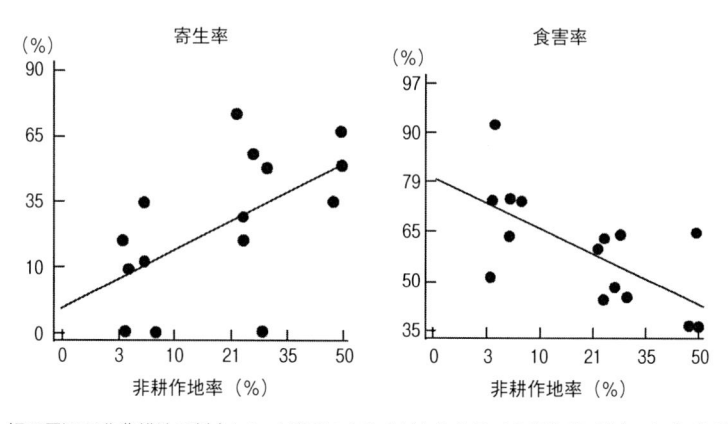

図 7.8　畑の周辺の非農耕地の割合とヒメバチによるチビケシキスイの寄生率（左），およびチビケシキスイによるアブラナ種子の食害率（右）の関係．Thies & Tscharntke (1999) を改変．

ことがわかり始めている．農作物の害虫の天敵（クモ，テントウムシ，寄生バチなど）は，周辺の森林や草地が好適な生息地である．そこから畑や水田に天敵が移入してくることで害虫密度が制御され，作物の収量が維持されているのである（Bianchi et al. 2006）．たとえば，ドイツ北部の畑における調査によると，非農耕地（草地，生垣，森林）が優占し，異質性の高い景観では，アブラナの害虫であるチビケシキスイが天敵のヒメバチにより高い寄生率をうけるため，アブラナの食害が低いことが報告されている（図 7.8：Thies & Tscharntke 1999）．作物の生産性の向上は，種の多様性を直接高めるわけではないが，こうした生態系サービスが生態系の多様性と結びついていることは，間接的に種の多様性の基盤を保全することの理由づけになるに違いない．

d. 消費者の移動が維持する双方向の安定性　消費者の移動がもたらす効果は，送り手から受け手に一方的に働くだけとは限らない．双方向の移動と各生態系における消費は，関係し合う生態系全体の動態を安定化させることが知られている．この考え方はやや難しいので，まずその基礎的な理論の概説から始める．

いま2つの生態系があり，それぞれの一次生産量の動態が非同調であるとしよう．自然界の異なる生態系には，陸域と水域の生物のように生活史や生理特性の異なる生物がいるので，この仮定はごく自然である．一方の生態系に属する捕食者が，もう一方で生産される餌生物も利用する場合，捕食者の動態はどちらか一方の餌だけに依存する場合よりも安定化する．一方の餌が少ない場合は他方の餌

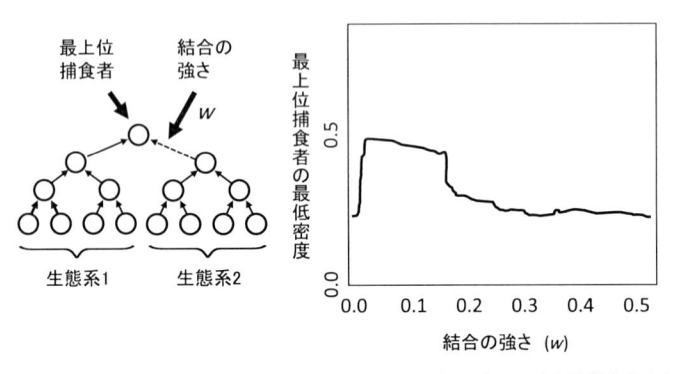

図 7.9　最上位の捕食者を通した2つの食物網の結合（つながり）の強さと最上位捕食者密度の最小値との関係．最小値が大きいほど，系が安定していることを意味する．ここでは最上位捕食者の密度のみに注目しているが，それ以外の種も連動して変動する．結合の強さが 0.5 のときは，両方の食物網の餌を均等に摂食することを示す．McCann et al.（2005）を改変．

が相対的に多くなり，それを利用できるからである．こうした捕食者の動態の安定化は，トップダウン効果によりその餌や一次生産者などの変動を安定化させ，結果として2つの系（食物網）全体を安定化させることになる（図7.9：McCann et al. 2005）．ただし，この安定化の効果は，捕食者がどちらか一方の系で生産される餌を優先的に消費し，別の系の餌にたいする消費が少ないとき，つまり系間の結びつきが弱い場合に強くなる．図7.9でみると，結合の強さの0.2以下の範囲がそれに該当する．2つの系の餌に対する消費量が同等に近づくにつれ，2つの系はやがて一つの系のように振る舞うようになるので，変動が激しくなり最小値は再び低下する．

各生態系の変動の非同調性が，全体の安定性を導くという考えは，種多様性のポートフォリオ効果（108ページ参照）を生態系ないしは食物網レベル拡張したものに相当する．また，生態系間の弱いつながりがもたらす安定化の効果は，第5章の冒頭で紹介した食物網の弱いリンクの重要性（100ページ）と原理は同じである．

上記の考え方は，今のところ理論が先行していて実証例は少ないが，さまざまな例が想定されている．先述の河川と森林（陸上）をつなぐ肉食動物はその例かもしれない．さらに，一つの生態系の中での異質性も重要であると考えられている．湖は環境が均一にみえるが，沿岸の比較的浅い部分からなる沿岸帯と，中心部の深い部分の沖帯に区分される．沿岸帯では水生植物や付着藻類が生産のおもな基盤であり，それらを摂食する巻貝や水生昆虫，さらにこれら底生動物を食べる小型魚類からなる食物網が形成されている．一方，沖帯では植物プランクトンが基盤となっており，動物プランクトン，プランクトン食魚類へと食物網がつながっている．沿岸帯と沖帯では，生産性や季節消長が異なる．湖の最上位の捕食者であるオオクチバスやレイクトラウトは，沖帯の餌が少ない時期に沿岸帯に移動して餌を採るため，栄養塩の循環や生産量の変動性を安定化させる役割をもっていると考えられている（Schindler & Scheuerell 2002）．こうした生態系を結ぶ捕食者が仮に絶滅すると，生態系の多様性ないしは景観の異質性がもたらすプラスの効果が失われ，系全体エネルギーの流れや物質循環が不安定になる恐れがある（Rooney et al. 2006）．

(2) 撹乱に対する応答の多様性と系の安定性

ここまで，生態系の多様性が物質や生物の移動を通して，一方あるいは双方の生産性の向上や安定化に寄与していることを述べてきた．次にシステム外からの外圧，つまり撹乱に対して，生態系の多様性がどのような緩衝作用をもっているかについて説明する．

a. 森林の山火事と害虫による撹乱

まず自然の撹乱の代表的なものとして山火事を挙げよう．山火事は日本のような湿潤環境では重要な自然撹乱とはいえないが，世界的には大風や洪水などと並んで重要である．山火事が起こりやすい地域では，植生の遷移段階が異なるモザイク状の景観が長い歴史をとおして維持されてきた（図7.10）．個々の景観要素は時間とともに変化するが，ときどき発生する山火事により，景観全体でみると動的に安定した構造が維持されてきたのである．これは，空間的に状態の異なる非同調な景観構造ともいえる．山火事はその時の気象条件（湿度や風速）などで規模はさまざまであり，それが植生のモザイク性を作り出す．一度こうした異質性ができあがると，その構造自体が山火事の規模を決めることになる（Turner & Romme 1994）．成熟した林では倒木やリターの量が多く，それらが火災の燃料となって山火事が大規模化しやすい．一方で若齢林では倒木やリター蓄積が少なく，山火事の蔓延を食い止める役割を果たしている（Romme & Despain 1989）．つまり，撹乱が空間異質性をつくりだすと同時に，空間異質性が撹乱の規模や強さを決めるという相互作用が存在し，空間異質性が撹乱を安定化させる働きをもっているといえる．こうした異質性の高い環境は，さまざまな生物に避難場所を提供し，撹乱地への生物の侵入・定着を保証している（Bengtsson et al. 2003）．

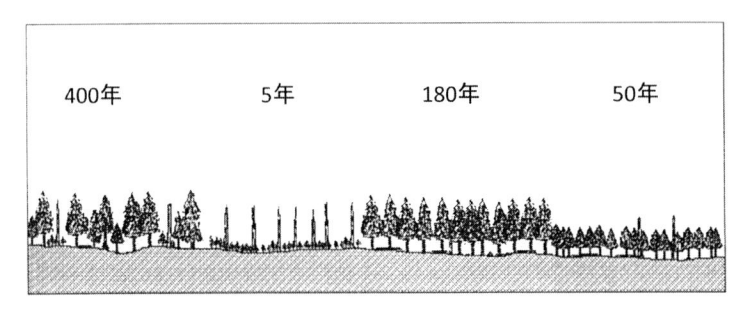

図7.10 ロッジポールマツ林の景観スケールでの異質性．山火事が林齢の異なる異質なモザイク景観を創る．White & Harrod（1997）を改変．

合衆国北西部の森林では，19世紀後半から山火事を抑制するための森林管理が行われ，短期的には山火事の頻度が減少した．しかし，20世紀後半になると山火事による撹乱が少なくなったため，燃料蓄積の多いモミ，ツガ，トウヒの成熟林が広範囲に成立し，大規模な山火事が起こるリスクが高まってきた．1988年にイエローストン国立公園で大規模な火災が起こったのは，成熟した森林が景観全体に一様に広がったことが一因とされている（Romme & Despain 1989）．現在では，山火事をうまく利用した森林管理が試みられている（Reinhardt et al. 2008）．

　山火事と同じような仕組みで問題になっているのが，トウヒシントメハマキという蛾の大発生である．この蛾は，北米のトウヒやモミなどの針葉樹を加害する森林昆虫であり，大発生すると森林は広範囲に壊滅的な被害を受ける．山火事と同様に，1900年代半ばまでは景観の異質性により大発生の拡散が抑えられていたが，それ以降は山火事の抑制や放牧の減少により，蛾の食樹である針葉樹の老齢林が広範囲にわたって均一に広がり，大発生が起こるようになった（Swetnam & Lynch 1993）．蛾は生態系の構成員であり，その大発生は内的要因ではあるが，大発生のきっかけが気象条件によることや，その空間スケールや影響の強さから，大規模な撹乱と捉えることができる．この蛾の大発生も山火事同様に，人為が作り出した均一な森林景観が，撹乱の大規模化を促進し，系の安定性を低下させている例である．

　b．サンゴ礁のハリケーン・サイクロンによる撹乱　サンゴ礁は熱帯，亜熱帯地域にあるため，ハリケーンやサイクロン，台風などの影響を定期的に受ける．大規模なハリケーンやサイクロンはサンゴ礁に大きなダメージを与えるが，影響を受けやすい場所と受けにくい場所があり，しかもその場所は毎回固定されているわけではない．この違いはサンゴ礁の局所的な地形や水深，高波の向う方向性などが関係している（Connell et al. 1997）．オーストラリアのヘロン島で行われた30年間の調査によれば，その間に5回来襲した大規模なサイクロンの影響の強さは，調査地の方角や局所地形により異なり，各調査地におけるサンゴの被度の変動パターンが大きく異なっていた（図7.11）．さらに，森林の火災と同様，前回の撹乱からの時間，つまりサンゴ礁の遷移段階によっても影響が異なるらしい．撹乱後には，影響が弱かった場所からサンゴの加入・定着し，結果としてサンゴ礁が広域スケールで動的に維持されている．こうした異質な景観要素の組み合わせにより，撹乱に対する系全体の安定性が保たれているのである．

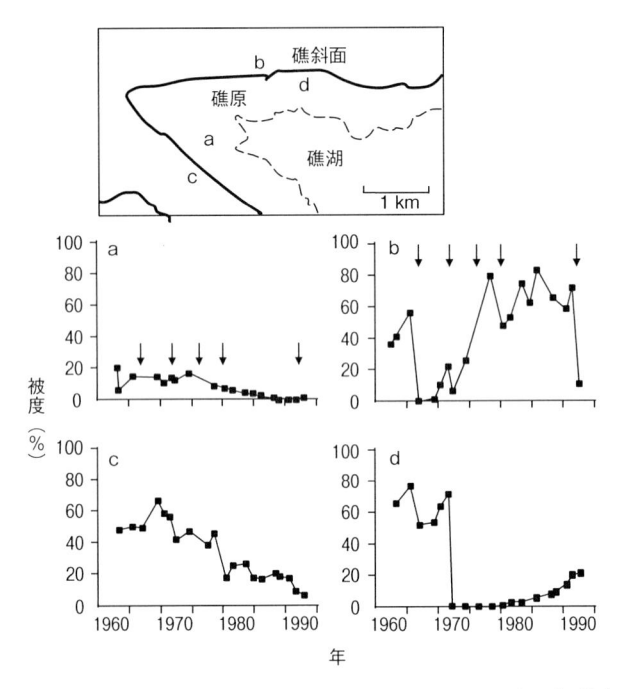

図 7.11 ヘロン島のサンゴ礁における空間異質性（地図）と各場所におけるサンゴの被度の長期動態（グラフ）．矢印は大きなサイクロンの襲来を示す．縦軸のバーは標準誤差．Connell et al. (1997) を改変．

　山火事の例もハリケーンやサイクロンの例も，結局それらに対する感受性の異なる景観要素が近接して存在することで，系全体の安定性が維持されていることに違いはない．個々の生態系や景観要素のレベルでは撹乱による甚大な被害を受けるが，周囲に存在する撹乱耐性の異なる生態系（景観要素）の存在によって地域レベルでは安定性が維持されている現象を**空間レジリエンス**（spatial resilience）とよぶ（Nystrom & Folke 2001）．これは第 5 章で紹介した種の多様性の保険仮説と原理がよく似ている．保険仮説では，環境変動に対する種ごとの反応の違いが系の安定化をもたらしたが，空間レジリエンスでは，性質の違う生態系（景観要素）が存在することで撹乱に対して持続性が保証されているのである．

　c．人為がもたらす富栄養化による撹乱　人為による撹乱は，一般に自然撹乱よりはるかに長期的ないしは恒常的である．そのため，上記の空間レジリエンスを低下させ，撹乱からの回復をより困難にしている．しかし，あるレベルまでの撹乱であれば，やはり景観の異質性の効果により系のレジリエンスが保たれて

コラム 9

空間レジリエンスとその仕組み

この用語を，その提唱者であるNystrom & Folke（2001）の定義に沿って忠実に訳すと，「個々の生態系よりも大きな空間スケールで撹乱に対処できる能力であり，地域（景観）スケールで系が閾値に至る，つまりレジームシフトが起こるのを回避できる動的な能力」となる．撹乱環境下において，ある景観や複合生態系がそのアイデンティティを保つことのできる能力と言い換えることもできる．

撹乱から元の状態に回復するには，撹乱された場所へ周辺から生物が移入する必要がある．しかし，空間レジリエンスが働く仕組みは多様であり，以下の3種類に大別されると考えられる．

①撹乱の起こる場所が限定的な場合，周辺からの加入で元の状態に戻ることができる（図A）．この場合，空間の異質性は特に必要はなく，撹乱のスケールより大きな面積で系が存在すればよい．

②撹乱が景観全体に及ぶが，撹乱耐性の異なる景観要素（あるいは生態系）が含まれているため，そこから撹乱地への加入により回復できる（図B）．サンゴ礁や山火事の例が該当する．この場合，撹乱耐性が場所ごとに固定している必要はなく，撹乱の度に耐性のある場所が変化してもよい（本文中のサンゴ礁の例）．

③撹乱耐性の異なる景観要素（あるいは生態系）が存在し，撹乱が限定的であっても，撹乱が空間的に伝播する場合にはレジームシフトが起こる可能性がある（図

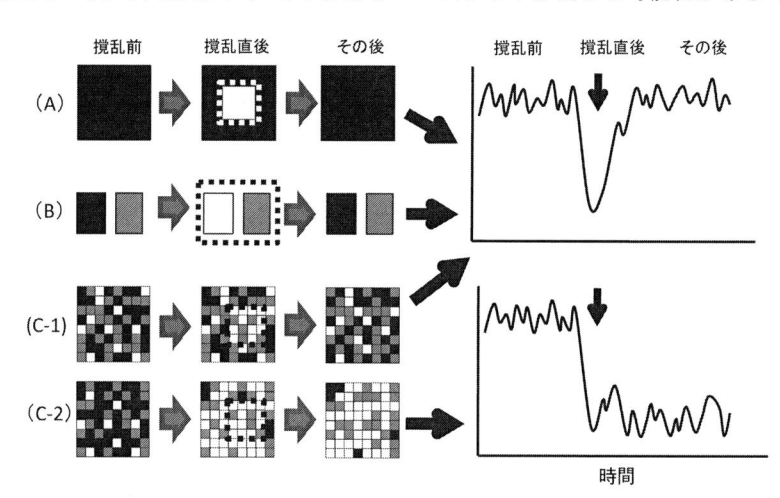

図 3種類の空間レジリエンス．撹乱（点線の範囲）が働いた後の復元の様子を模式的に示している．
(A) 撹乱を受けない場所からの加入がレジリエンスをもたらす．
(B) 撹乱耐性のある景観要素（灰色）がレジリエンスをもたらす．
(C) 撹乱耐性があり，撹乱の蔓延を防ぐ景観要素(灰色)がレジリエンスをもたらす（C-1）．撹乱の影響を受ける要素が増え，景観が一様になると撹乱が蔓延し，レジームシフトが起こる（C-2）．
黒：撹乱の影響を受ける要素，灰色：撹乱の影響を受けない要素，白：生物が不在

C-2). しかし，耐性のある要素が撹乱の蔓延を防ぐ機能があり，その比率がある程度大きければ撹乱の伝播は制限され，系全体が回復できる（図C-1)．山火事の例がそれに該当する．この場合，「組成の異質性」だけでなく，要素の空間的な配置や連続性（伝播性）などの「形状の異質性」がレジリエンスに関わってくる．

いる．

　農地では作物の生産を維持するために大量の化学肥料を使うことが多い．その一部は作物中に取り込まれるが，かなりの部分が河川に流入し，湖沼や沿岸の生態系に過度の窒素やリンの集積を引き起こす．こうした栄養塩の増加は，植物プランクトンの爆発的増加と，それにともなう水中の低酸素化を引き起こし，種の多様性の減少や生態系機能の低下をもたらすことで有名である．こうした富栄養化は，生態系に対する人為撹乱がもたらすレジームシフトの代表例である．

　しかし，農地と河川の間に湿地や河岸林，草地などが発達していると流入量が

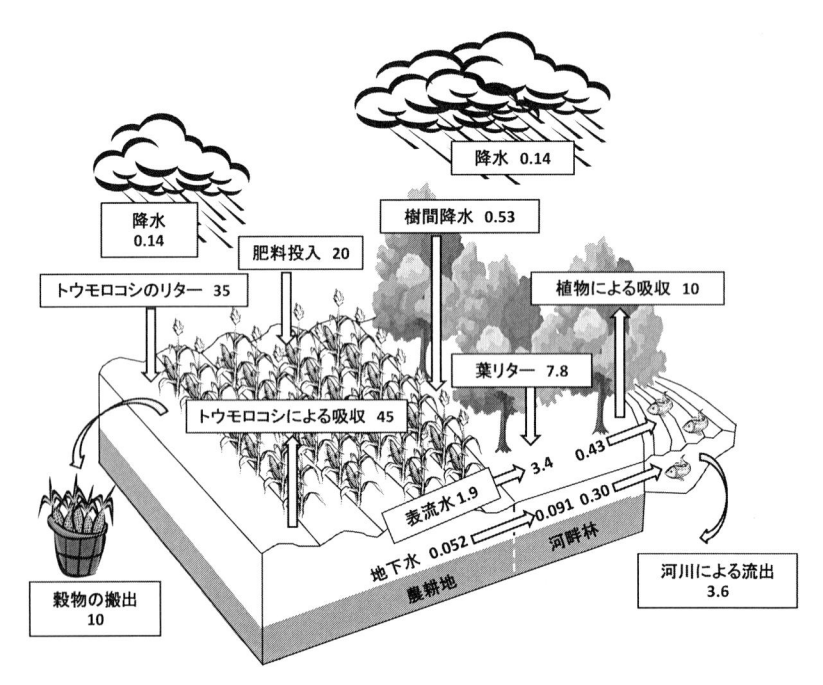

図7.12 合衆国大西洋岸の農地景観におけるリンの循環．数字は年間のヘクタールあたりの重量（kg）を示す．Turner et al.（2001）を改変．

大幅に減少することが知られている（図7.12）．その理由は，植生が大量の栄養塩を吸収すること，湿地の嫌気的環境では窒素化合物が脱窒されて大気中へ放出されること，土壌中の微細粒子が栄養塩を吸着すること，などが挙げられる．河畔の植生タイプやその幅にもよるが，窒素，リンとも河川への流入量（表層水，地下水とも）が半減以下になることも珍しくない（Lovell & Sullivan 2006）．興味深いのは，概して森林は窒素の吸収力が高く，草地はリンの吸収力が高い傾向がある点である（Osborne & Kovacic 1993）．これは河岸植生の存在だけでなく，植生タイプの多様性も2種類の栄養塩を効果的に除去するうえで重要であることを示唆している．合衆国では，こうした河岸植生の復元により，メキシコ湾の低酸素化の問題を解消可能かどうか検討が行われている（Lovell & Sullivan 2006）．沿岸も含んだ集水域レベルでの効果については明らかになっていないが，陸域の生態系の多様性が人為撹乱の影響を緩和し，沿岸生態系の維持に貢献している可能性に注目が集まっている．

d. 景観要素の多様性の負の側面　　以上，生態系や景観要素の多様性は，撹乱環境下で系の安定化をもたらすことを述べてきた．これは，撹乱が特定のタイプの生態系や景観要素に強く働き，別のタイプには強く働かないため，多様性が撹乱の蔓延や拡散を防ぐ役割をもっていることによる．しかし，景観構造の多様性は，必ずしも安定性をもたらすとは限らない．撹乱要因が，生態系や景観要素の境界部で強化・拡大される場合には，むしろ多様性が撹乱耐性を弱め，系全体を不安定化させることになる．

森林の風倒木はその代表例である．林縁は風の影響を受けやすいため，強風で樹が倒されやすいが，それに加えて乾燥などのストレスに曝されるため樹は衰弱しやすい．これが風倒木の発生率を高め，更なる林縁を造り出して風倒木を増大させる．この場合，景観の異質性は異なる要素間の接点を増やすことになるので，撹乱は広がる．森林害虫でも林縁を発生源とする種では同じ仕組みで発生が蔓延する．カレハガの一種は，森林の林縁長と大発生の頻度や期間に正の相関がある（Roland 1993）．連続した森林では1〜2年で大発生は終息するが，分断化された景観では4〜6年続く．分断化は，気温上昇による発育の促進や，蛾の天敵（捕食寄生者や核多角体ウイルス）の拡散を抑制することが原因であると考えられている．

生態系の多様性が撹乱に対するレジリエンスを高めるかどうかは，結局のとこ

ろ，撹乱の蔓延プロセスに依存しており，そのプロセス次第で結果は変わってくる．しかし，自然が形成した異質性と，人為が作り出した異質性では，その歴史や異質性の質が異なる点に注意すべきである．長い歴史をもつ景観の異質性は，それに適応したさまざまな生物を生み出し，さらに生物が生態系プロセスに影響することで，現在の生態系の安定性が維持されているのである．一方，人為が作り出した異質性は，景観要素の境界がより明瞭で要素間のコントラストが強くなることが多い（Strayer 2005）．たとえば，森林と農地の境界は，森林と自然草地の境界に比べて明瞭で不連続的であることは想像に難くない．この場合，自然の異質性よりも要素間の生物や物質のやり取りが強くなることがある．こうした人為が作り出した新規な境界は，系の不安定化をもたらす可能性がある．近年各地で森林生態系に大きな影響を与えているシカもその例であろう．シカが高密度になると森林の下層植生を食い尽くすが，森林内の餌が減っても密度は容易に減少しない．それには人間が造り出した草地や農地などの生産性の高い植生が関与しており，林縁環境が多い景観では密度に関わらずシカの妊娠率がほぼ100％である（Miyashita et al. 2007, 2008）．こうして増えたシカが森林の植生に強い影響を継続的に与え続け，森林生態系のレジリエンスを低下させていると考えられている（柳ら 2008）．

したがって，撹乱の抑制だけでなく，人為による過度な異質性の創出も系の安定性を低下させ，別の状態へのレジームシフトをもたらす可能性がある（図7.13）．こうした相反するプロセスが同じ景観で存在する場合には，異質性と系の

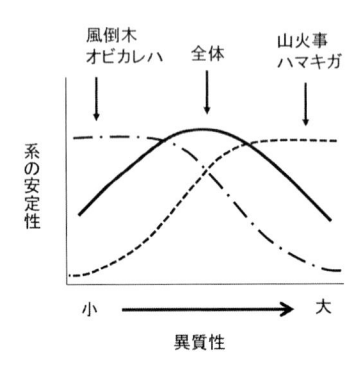

図 7.13 景観の異質性と系の安定性に関する模式図．森林が広範囲に広がる異質性の低い景観では，風倒木や天幕毛虫による撹乱に対して頑強であるが，山火事やハマキガなどの一様な森林環境で蔓延する撹乱には脆弱である．森林が分断化された景観ではその逆である．

安定性の関係が一山型になると考えられる（図7.13）．これは，異質性と種の多様性の関係が一山型になるという仮説と概ね同じ理屈である．種の多様性に対する景観の異質性の効果は，進化の歴史を反映した地域スケールでの種のプールに依存して変化すると予想した．系の安定性についても同様に，地域に特有の種プールや撹乱レジームなどによって，景観の異質性の効果は変わってくると予想される．

7.3 生態系多様性と生態系サービス

　生態系サービスは我々にとってさまざまな恩恵をもたらしている．しかし，生態系サービスの中身には相当に質が違うものが含まれているため，しばしばそれらは二律背反，つまりトレードオフの関係にあり，同じ生態系で同時に向上させることは容易ではない．たとえば供給サービスとして，農作物，畜産物，木材，バイオ燃料の生産などが挙げられるが，それらは一般に人為改変された広域で単純な生態系で生産効率が上がる．一方，水質浄化，炭酸ガス吸収，土壌浸食の防止，送粉効率，害虫の天敵制御などの調節サービスは，概して生物と環境の複雑な相互作用のうえに成り立っている生態系機能であるため，むしろ均一な生態系では効果が低下することが多いだろう．カナダ・ケベック州の調査では，供給サービスである農作物と畜産物の生産は，すべての調整サービス（炭酸ガス吸収，土壌中リンの保持，土壌有機物量）と負の相関にあった（Raudsepp-Hearne et al. 2010）．一方で，個々の調整サービスの関係性はすべて正の相関にあった．送粉サービスや害虫防除サービスなどの調整サービスは，種の多様性が効いてくるので，おそらく供給サービスとは強い負の関係にあると思われる．生態系サービス間に負の関係がある以上，複数の生態系サービスを地域レベルで維持するためには，多様な生態系が必要であることは論を待つまでもない．

　ただ，これまでの生態系サービスの評価法には，おおきな問題もある．生態系サービスの直接的な定量化は容易でないため，多くの研究では土地利用区分からそれぞれのサービスを推定してきた．しかし，土地利用区分では評価できない要素も重要である．まず，生態系の駆動因となる栄養塩量やキーストン種などの量的評価は困難である．また，土地利用区分の評価は，生態系の応答でありがちな

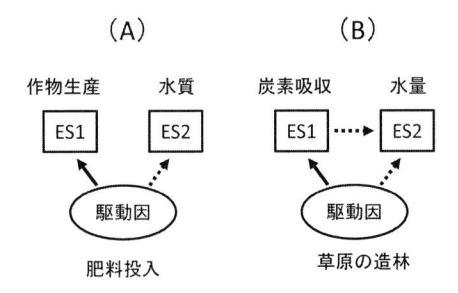

```
           (A)                (B)
  作物生産    水質      炭素吸収    水量
    ┌───┐   ┌───┐      ┌───┐   ┌───┐
    │ES1│   │ES2│      │ES1│┄┄▶│ES2│
    └───┘   └───┘      └───┘   └───┘
       ▲   ▲              ▲   ▲
        ╲ ╱                ╲ ╱
       ╱   ╲              ╱   ╲
     ╱       ╲          ╱       ╲
    ╱ 駆動因 ╲        ╱ 駆動因 ╲
    ╲         ╱        ╲         ╱
     ╲_____╱          ╲_____╱
       肥料投入            草原の造林
```

図 7.14 2 種類の生態系サービス（ES1 と ES2）の間にトレードオフを引き起こす仕組み．共通の駆動因による見かけのトレードオフ（A）と直接的な因果関係のあるトレードオフ（B）に分けられる．実線の矢印はプラスの効果，破線の矢印はマイナスの効果を表す．Bennett et al. (2009) を改変．

生態系サービスの非線形な応答を評価できない．したがって，これまでのトレードオフや正の相関の評価は，その多くがメカニズム不在であり予測性が高いとは言い難い．生態学的な仕組みを基にしたトレードオフの理解は，正確な予測だけでなく，トレードオフの解消や軽減のための具体策を模索するうえでも有効であるに違いない．

　Bennett et al. (2009) は，生態系サービス間のトレードオフが生じる仕組みを，互いの直接の関係性（相互作用）から発生する過程と，共通の外的駆動因から生じる間接的な過程に分けて考えることを提唱している（図 7.14）．たとえば，作物の生産量を一定に保つには，農地への継続的な肥料の投入が必要であるが，それは周辺の河川や沿岸の富栄養化をもたらし，さまざまな供給サービスや調整サービスの低下，さらには生態系のレジームシフトを引き起こす可能性がある．しかしこの場合，作物生産と河川や沿岸の調整サービスの間には，直接的なトレードオフは存在しない．作物の成長や収穫が，河川への栄養塩の流入を直接増やすわけではなく，肥料の投入という外圧により生じる間接的な負の影響が原因だからである．一方，南米のパンパスなどでは，草原の植林により植生の蒸散量が増え，それが地下水位を低下させ，河川に流入する水量を減らすことが懸念されている．ここでは，樹木が成長すると炭素吸収量は増加するが同時に蒸散量も増加するので，炭素吸収と河川の水量という 2 つの生態系サービスの間には直接的な負の因果関係がある．

　生態系サービス間のトレードオフが共通の外的駆動因により生じている場合には，トレードオフの軽減は可能である．たとえばすでに述べた通り，河岸植生は

農地から河川へ流入する栄養塩量を大きく減少させる機能がある．したがって，河岸植生の創出は，農地と河川という2つの生態系がもたらす生態系サービスのトレードオフの軽減や解消に役立つのである．これは第3の生態系ないしは景観要素の存在の重要性を示すものである．生態系の多様性は，「異なる生態系サービスの提供には異なる生態系が必要である」という単純な意味合い以上の役割をもっているといえよう．

　生態系サービスのトレードオフの評価に関してはもう一つ問題がある．供給サービスの評価において時間的に長期スケールの視点が欠落している点である．農地における単一栽培や肥料・農薬の大量投入は，短期的な収量維持には役立つが，長期的にみると物理的な撹乱や病気の蔓延などに対して脆弱かもしれない．また，農地の土壌劣化や地下水位の変化は，数十年のスケールで顕在化する**遅い変数**（slow variable）である（Rodriguez et al. 2006）．つまり，供給サービスには時間的なトレードオフが存在し，現在の利益が将来に禍根を残す可能性がある．

　こうした時間のトレードオフの解消には，熱帯地域の持続的な焼畑農業のように，負の影響が発生する前に利用する農地の場所を変更する方法がある．この場合，耕作休止からの年数が異なる異質な生態系が常にどこかに存在することが，持続性の前提となるのはいうまでもない．もう一つの方法は，生態系や景観の異質性を新たに創り出し，時間のトレードオフを直接軽減ないしは解消することである．オーストラリア南部の農地では，コムギを生産するために広大なユーカリ林を農地に改変した．しかし，それが蒸散量の低下による地下水位の上昇を引き起こし，地表面に塩類が集積して耕作に大きな障害がでている（図7.15）．つま

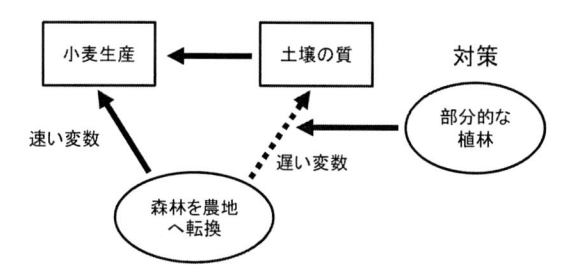

図7.15 ユーカリ林の農地への転換はコムギの生産量を増大させたが，水位の上昇による塩分集積によって土壌が劣化し，生産の持続性が損なわれた．部分的な植林は負の効果を緩和する働きがある．線の矢印はプラスの効果，破線の矢印はマイナスの効果を表す．Farrington & Salama（1996）を模式化．

り広大な耕作地の創出は，短期的にはコムギの生産量を高めることに成功したが，長期的には土地の劣化により持続的な経営ではなかったのである．小麦の生産は短期的に応答する**速い変数**（fast variable）であり，土壌の塩分農度はその変化に時間がかかる遅い変数である．複数のプロセスが関与する系のレジリエンスを予測するためには，このようにプロセスが生じる速さを考えることは非常に重要である．上記の例では，小麦生産の持続性を保証するための対処法として，地形や地質をもとに効果的に地下水位を低下できる場所を推定し，そこにユーカリを部分的に植林する試みが行われている（図7.15；Farrington & Salama 1996）．

以上，2種類の時間のトレードオフを解消する方法は，いずれも景観レベルでの生態系の多様性が必要であることを意味している．これは空間的なトレードオフの解消の場合と本質的には同じ原理によっている．

7.4 おわりに

生態系の多様性ないしは景観の異質性は，自然界でさまざまなスケールで存在する．生態系の多様性は，進化史的に種の多様性を生み出してきた原動力であり，現在でもそれを支える場として重要な役割を果たしている．また生態系の多様性は，直接的に種の生活の場を提供するだけでなく，さまざまな生態系機能のレベルや安定性の向上をもたらしている．つまり，系の持続性や安定性の向上を通して，間接的に種の多様性の維持に貢献しているといえる．

変動環境下における生態系のレジリエンスの維持を図るうえで，具体的にどのような生態系レベルでの多様性の保全・再生デザインを考えればよいのだろうか．この問いは，しばしばコンフリクトが生じる複数の生態系サービスの両立を考えるうえでも，大変重要な課題である．こうした課題に取り組むうえで，群集生態学，生態系生態学，景観生態学，さらにその周辺分野を含んだ統合と応用の研究が今こそ求められている．

引用文献

Abrams PA, Matsuda H (1996) Positive indirect effects between prey species that share predators. Ecology 77: 610-616.
Allendorf FW, Luikart G (2007) Conservation and the Genetics of Populations. Blackwell Publishing.
Andow DA (1991) Vegetational diversity and arthropod population response. Annual Review of Entomology 36: 561-586.
Asami T, Cowie RH, Ohbayashi K (1998) Evolution of mirror images by sexually asymmetric mating behavior in hermaphroditic snails. American Naturalist 152: 225-36.
Bascompte J, Jordano P, Melian CJ, Olesen JM (2003) The nested assembly of plant-animal mutualistic networks. Proceedings of the National Academy of Sciences of the United States of America 100: 9383-7.
Bascompte J, Jordano P (2007) Plant-animal mutualistic networks: the architecture of biodiversity. Annual Review of Ecology Evolution and Systematics 38: 567-593.
Bastolla U, Fortuna MA, Pascual-Garcia A, Ferrera A, Luque B, Bascompte J (2009) The architecture of mutualistic networks minimizes competition and increases biodiversity. Nature 458: 1018-20.
Bateson W (1909) Heredity and Variation in Modern Lights. Cambridge University Press.
Begon M, Townsend CR, Harper JL (2006) Ecology: From Individuals to Ecosystems. Wiley-Blackwell.
Bengtsson J, Angelstam P, Elmqvist T, Emanuelsson U, Folke C, Ihse M, Moberg F, Nystrom M (2003) Reserves, resilience and dynamic landscapes. Ambio 32: 389-396.
Bennett EM, Peterson GD, Gordon LJ (2009) Understanding relationships among multiple ecosystem services. Ecology Letters 12: 1394-1404.
Bianchi FJJA, Booij CJH, Tscharntke T (2006) Sustainable pest regulation in agricultural landscapes: a review on landscape composition, biodiversity and natural pest control. Proceedings of the Royal Society B-Biological Sciences 273: 1715-1727.
Briskie JV, Mackintosh M (2004) Hatching failure increases with severity of population bottleneck in birds. Proceedings of the National Academy of Sciences of the United States of America 101: 558-561.
Byrnes J, Stachowicz JJ, Hultgren KM, Hughes AR, Olyarnik SV, Thornber CS (2006) Predator diversity strengthens trophic cascades in kelp forests by modifying herbivore behavior. Ecology Letters 9: 61-71.
Caceres CE (1997) Temporal variation, dormancy, and coexistence: a field test of the storage effect. Proceedings of the National Academy of Sciences of the United States of America 94: 9171-5.
Calcagno V, Mouquet N, Jarne P, David P (2006) Coexistence in a metacommunity: the competition-colonization trade-off is not dead. Ecology Letters 9: 897-907.
Cardillo M, Orme CDL, Owens IPF (2005) Testing for latitudinal bias in diversification rates: an example using New World birds. Ecology 86: 2278-2287.
Cardinale BJ, Palmer MA, Collins SL (2002) Species diversity enhances ecosystem functioning

through interspecific facilitation. Nature 415: 426-429.

Cardinale BJ, Hillebrand H, Charles DF (2006) Geographic patterns of diversity in streams are predicted by a multivariate model of disturbance and productivity. Journal of Ecology 94: 609-618.

Cardinale BJ, Wright JP, Cadotte MW, Carroll IT, Hector A, Srivastava DS, Loreau M, Weis JJ (2007) Impacts of plant diversity on biomass production increase through time because of species complementarity. Proceedings of the National Academy of Sciences of the United States of America 104: 18123-18128.

Cardinale BJ (2011) Biodiversity improves water quality through niche partitioning. Nature 472: 86-U113.

Cebrian J (1999) Patterns in the fate of production in plant communities. American Naturalist 154: 449-468.

Chalcraft DR, Williams JW, Smith MD, Willig MR (2004) Scale dependence in the species-richness-productivity relationship: The role of species turnover. Ecology 85: 2701-2708.

Chamberlain NL, Hill RI, Kapan DD, Gilbert LE, Kronforst MR (2009) Polymorphic butterfly reveals the missing link in ecological speciation. Science 326: 847-50.

Chase JM, Leibold MA (2002) Spatial scale dictates the productivity-biodiversity relationship. Nature 416: 427-30.

Chesson PL, Warner RR (1981) Environmental variability promotes coexistence in lottery competitive systems. American Naturalist 117: 923-943.

Chesson P (1994) Multispecies competition in variable environments. Theoretical Population Biology 45: 227-276.

Chesson P, Gebauer RL, Schwinning S, Huntly N, Wiegand K, Ernest MS, Sher A, Novoplansky A, Weltzin JF (2004) Resource pulses, species interactions, and diversity maintenance in arid and semi-arid environments. Oecologia 141: 236-53.

Chiba S (1999) Accelerated evolution of land snails Mandarina in the oceanic Bonin Islands: evidence from mitochondrial DNA sequences. Evolution 53: 460-471.

Chiba S (2007) Species richness patterns along environmental gradients in island land molluscan fauna. Ecology 88: 1738-46.

Chiba S, Okochi I, Obayashi T, Miura D, Mori H, Kimura K, Wada S (2009) Effect of habitat history and extinction selectivity on species richness pattern of an island snail fauna. Journal of Biogeography 36: 1913-1922.

Clark JS, Dietze M, Chakraborty S, Agarwal PK, Ibanez I, LaDeau S, Wolosin M (2007) Resolving the biodiversity paradox. Ecology Letters 10: 647-59.

Colwell RK, Hurtt GC (1994) Nonbiological gradients in species richness and a spurious Rapoport effect. American Naturalist 144: 570-595.

Colwell RK, Lees DC (2000) The mid-domain effect: geometric constraints on the geography of species richness. Trends in Ecology and Evolution 15: 70-76.

Condit R, Pitman N, Leigh EG Jr, Chave J, Terborgh J, Foster RB, Nunez P, Aguilar S, Valencia R, Villa G, Muller-Landau HC, Losos E, Hubbell SP (2002) Beta-diversity in tropical forest trees. Science 295: 666-9.

Connell JH (1978) Diversity in tropical rain forests and coral reefs. Science 199: 1302-10.

Connell JH (1979) Intermediate-disturbance hypothesis. Science 204: 1345.

Connell JH (1979) Tropical rain forests and coral reefs as open non-equilibrium systems. In: Population Dynamics, 141-162. Blackwell.

Connell JH, Hughes TP, Wallace CC (1997) A 30-year study of coral abundance, recruitment, and disturbance at several scales in space and time. Ecological Monographs 67: 461-488.

Conner JK, Hartl DL (2004) A Primer of Ecological Genetics. Sinauer Associates, Sunderland.

Costanza R, Folke C (1997) Valuing ecosystem services with efficiency, fairness and sustainability as goals. Nature's services: In: Naturés Services: Societal Dependence on Natural Ecosystems: 49-68. Island Press.

Cottingham KL, Brown BL, Lennon JT (2001) Biodiversity may regulate the temporal variability of ecological systems. Ecology Letters 4: 72-85.

Coyne JA (1992) Genetics and speciation. Nature 355: 511-5.

Coyne J, Orr HA (2004) Speciation. Sinauer.

Cracraft J (1989) Speciation and Its Ontology: The Empirical Consequences of Alternative Species Concepts for Understanding Patterns and Processes of Differentiation. In: Speciation and Its Consequences 28-59. Sinauer.

Cracraft J (2002) The seven great questions of systematic biology. Annals of the Missouri Botanical Garden 89.

Crandall KA, Bininda-Emonds ORP, Mace GM, Wayne RK (2000) Considering evolutionary processes in conservation biology. Trends in Ecology and Evolution 15: 290-295.

Croll DA, Maron JL, Estes JA, Danner EM, Byrd GV (2005) Introduced predators transform subarctic islands from grassland to tundra. Science 307: 1959-1961.

Crustsinger GM, Collins MD, Fordyce JA, Gompert Z, Nice CC, Sanders NJ (2006) Plant genotypic diversity predicts community structure and governs an ecosystem process. Science 313: 966-968.

Crustsinger GM, Souza L, Sanders NJ (2008) Intraspecific diversity and dominant genotypes resist plant invasions. Ecology Letters 11: 16-23.

Currie DJ, Mittelbach GG, Cornell HV, Kaufman DM, Kerr JT, Oberdorff T, Guegan JF, Bradford A, Hawkins BA, Kaufman DM, Kerr JT, Oberdorff T, O'Brien E, Turner JRG (2004) Predictions and tests of climate-based hypotheses of broad-scale variation in taxonomic richness. Ecology Letters 7: 1121-1134.

Currie DJ, Kerr JT (2008) Tests of the mid-domain hypothesis: A review of the evidence. Ecological Monographs 78: 3-18.

Darwin CR (1876) The Effects of Cross and Self Fertilisation in the Vegetable Kingdom. Murray.

Darwin CR (1872) The Origin of Species, 6th London edn. Chicago, IL: Thompson and Thomas.

Davison A, Chiba S, Barton NH, Clarke B (2005) Speciation and gene flow between snails of opposite chirality. PLoS Biology 3: e282.

Dobzhansky T (1937) Genetics and the Origin of Species. Columbia University Press.

Dodson SI, Arnott SE, Cottingham KL (2000) The relationship in lake communities between primary productivity and species richness. Ecology 81: 2662-2679.

Dunning JB, Danielson BJ, Pulliam HR (1992) Ecological processes that affect populations in complex landscapes. Oikos 65: 169-175.

Dyer LA, Singer MS, Lill JT, Stireman JO, Gentry GL, Marquis RJ, Ricklefs RE, Greeney HF, Wagner DL, Morais HC, Diniz IR, Kursar TA, Coley PD (2007) Host specificity of Lepidoptera in tropical and temperate forests. Nature 448: 696-9.

de Aguiar MA, Baranger M, Baptestini EM, Kaufman L, Bar-Yam Y (2009) Global patterns of speciation and diversity. Nature 460: 384-7.

de Queiroz K (2005) Ernst Mayr and the modern concept of species. Proceedings of the National Academy of Sciences of the United States of America 102 Suppl 1: 6600-7.

El Mousadik A, Petit RJ (1996) High level of genetic differentiation for allelic richness among populations of the argan tree (Argamiaspinosa (L.) Skeels) endemic to Morocco. Theoretical and Applied Genetics 92: 832-839.

Elmqvist T, Folke C, Nystrom M, Peterson G, Bengtsson J, Walker B, Norberg J (2003) Response di-

versity, ecosystem change, and resilience. Frontiers in Ecology and the Environment 1: 488-494.
Elton CS (1958) TheEcology of Invasions by Plants and Animals. Methuen, London.
Emerson BC, Kolm N (2005) Species diversity can drive speciation. Nature 434: 1015-7.
Excoffier L, Smouse PE, Quattro JM (1992) Analysis of molecular variance inferred from metric distances among DNA haplotype: application to human mitochondrial DNA restriction data. Genetics 131: 479-491.
Fahrig L (2003) Effects of habitat fragmentation on biodiversity. Annual Review of Ecology Evolution and Systematics 34: 487-515.
Fahrig L, Baudry J, Brotons L, Burel FG, Crist TO, Fuller RJ, Sirami C, Siriwardena GM, Martin JL (2011) Functional landscape heterogeniety and animal biodiversity in agricultural landscapes. Ecology Letters 14: 101-112.
Farrington P, Salama RB (1996) Controlling dryland salinity by planting trees in the best hydrogeological setting. Land Degradation and Development 7: 183-204.
Finke DL, Denno RF (2004) Predator diversity dampens trophic cascades. Nature 429: 407-410.
Frankham R (2005) Genetics and extinction. Biological Conservation 126: 131-140.
Franklin JF (2005) Spatial pattern and ecosystem function: reflections on current knowledge and future directions. In: Ecosystem Functions in Heterogeneous Landscapes: 427-441.
Gamfeldt L, Hillebrand H, Jonsson PR (2005) Species richness changes across two trophic levels simultaneously affect prey and consumer biomass. Ecology Letters 8: 696-703.
Gaston KJ (1996) Biodiversity: A Biology of Numbers and Difference. Blackwell.
Gaston KJ, Blackburn TM (2000) Pattern and Process in Macroecology. Blackwell.
Gavrilets S (2004) Fitness Landscapes and the Origin of Species. Princeton University Press.
Genung MA, Lessard J-P, Brown CB, Bunn WA, Cregger MA, Reynolds WN, Felker-Quinn E, Stevenson ML, Hartley AS, Crutsinger GM, Schweitzer JA, Bailey JK (2010) Non-additive effects of genotypic diversity increase floral abundance and abundance of floral visitors. PLoS ONE: e8711. doi: 10.1371/journal.pone.0008711
Gilbert B, Lechowicz MJ (2004) Neutrality, niches, and dispersal in a temperate forest understory. Proceedings of the National Academy of Sciences of the United States of America 101: 7651-6.
Gillespie, RG (2001) Adaptive radiation: innovations and insights. Diversity and Distributions 7: 105-107
Gillespie R (2004) Community assembly through adaptive radiation in Hawaiian spiders. Science 303: 356-9.
Gompert Z, Forister ML, Fordyce JA, Nice CC, Williamson RJ, Buerkle CA (2010) Bayesian analysis of molecular variance in pyrosequences quantifies population genetic structure across the genome of *Lycaeides* butterflies. Molecular Ecology 19: 2455-2473.
Goodman SM, Rasolonandrasana B (2001) Elevational zonation of birds, insectivores, rodents and primates on the slopes of Andgringitra Massif, Madagascar. Journal of Natural History 25: 285-305.
Grime JP (1973) Competitive exclusion in herbaceous vegetation. Nature 242: 344-347.
Gustavsson E, Lennaytsson T, Emanuelsson M (2007) Land use more than 200 years ago explains current grassland plant diversity in a Swedish agricultural landscape. Biological Conservation 138: 47-59.
Haddad NM, Crutsinger GM, Gross K, Haarstad J, Knops JMH, Tilman D (2009) Plant species loss decreases arthropod diversity and shifts trophic structure. Ecology Letters 12: 1029-1039.
Haddad NM, Crutsinger GM, Gross K, Haarstad J, Tilman D (2011) Plant diversity and the stability of foodwebs. Ecology Letters 14: 42-46.
Hajjar R, Jarvis DI, Gemmill-Herren B (2008) The utility of crop genetic diversity in maintaining

ecosystem services. Agriculture Ecosystems and Environment 123: 261-270.
Harper JL, Hawksworth DL (1994) Biodiversity: measurement and estimation. Preface. Philosophical Transaction of Royal Society of London B 345: 5-12.
Hedrick PW (1995) Gene flow and genetic restoration: The Florida panther as a case study. Conservation Biology 9: 996-1007.
Hedrick PW (2001) Conservation genetics: where are we now? Trends in Ecology and Evolution 16: 629-636.
Hedrick PW (2005) A standardized genetic differentiation measure. Evolution 59: 1633-1638.
Hedrick PW (2011) Genetics of Populations (4th ed.). Jones and Bartlett Publishers, Sudbury.
Hughes AR, Stachowicz JJ (2004) Genetic diversity enhances the resistance of a seagrass ecosystem to disturbance. Proceedings of the National Academy of Sciences of the United States of America 101: 8998-9002.
Helfield JM, Naiman RJ (2001) Effects of salmon-derived nitrogen on riparian forest growth and implications for stream productivity. Ecology 82: 2403-2409.
Helfield JM, Naiman RJ (2006) Keystone interactions: Salmon and bear in riparian forests of Alaska. Ecosystems 9: 167-180.
Higashi M, Takimoto G, Yamamura N (1999) Sympatric speciation by sexual selection. Nature 402: 523-6.
Hoehn P, Tscharntke T, Tylianakis JM, Steffan-Dewenter I (2008) Functional group diversity of bee pollinators increases crop yield. Proceedings of the Royal Society B-Biological Sciences 275: 2283-2291.
Holt RD (2009) Bringing the Hutchinsonian niche into the 21st century: Ecological and evolutionary perspectives. Proceedings of the National Academy of Sciences of the United States of America 106: 19659-19665.
Hori M (1987) Mutualism and Commensalism in a Fish Community in Lake Tanganyika. In: Evolution and Coadaptation in Biotic Communities 219-239 University of Tokyo Press.
Hoso M, Kameda Y, Wu SP, Asami T, Kato M, Hori M (2010) A speciation gene for left-right reversal in snails results in anti-predator adaptation. Nature Communications 1: 133.
Hubbell SP (2001) The Unified Neutral Theory of Biodiversity and Biogeography. Princeton University Press.
Huston MA (1994) Biological Diversity: The Coexistence of Species on Changing Landscapes. Cambridge University Press
Huston MA, DeAngelis DL (1994) Competition and coexistence: the effects of resource transport and supply rates. American Naturalist 144: 954-977.
Irwin DE, Bensch S, Irwin JH, Price TD (2005) Speciation by distance in a ring species. Science 307: 414-6.
Isbell F, Calcagno V, Hector A, Connolly J, StanleyHarpole W, Reich PB, Scherer-Lorenzen M, Schmid B, Tilman D, van Ruijven J, Weigelt A, Wilsey BJ, Zavaleta ES, Loreau M (2011) High plant diversity is needed to maintain ecosystem services. Nature 477: 199-202.
Ives AR, May RM (1985) Competition within and between species in a patchy environment: relations between microscopic and macroscopic models. Journal of Theoretical Biology 115: 65-92.
Jackson JB, Jung P, Coates AG, Collins LS (1993) Diversity and extinction of tropical american mollusks and emergence of the isthmus of panama. Science 260: 1624-6.
Jackson L, Rosenstock T, Thomas M, Wright J, Symstad A (2009) Managed Ecosystems: Biodiversity and Ecosystem Functions in Landscapes Modified by Human Use. In: Biodiversity, Ecosystem Functioning, and Human Wellbeing: An Ecological and Economic Perspective. Oxford University Press.

Johnson MTJ, Agrawal AA (2005) Plant genotype and environment interact to shape a diverse arthropod community on evening primrose (*Oenothera biennis*). Ecology 86: 874-885.

Johnson MTJ (2008) Bottom-up effects of plant genotype on aphids, ants, and predators. Ecology 89: 145-154.

Jost L (2008) GST and its relatives do not measure differentiation. Molecular Ecology 17: 4015-4026.

Kadoya T, Washitani I (2011) The satoyama index: A biodiversity indicator for agricultural landscapes. Agriculture Ecosystems and Environment 140: 20-26.

Kaneshiro KY, Boake CR (1987) Sexual selection and speciation: Issues raised by Hawaiian Drosophila. Trends in Ecology and Evolution 2: 207-12.

Kato N, Yoshio M, Kobayashi R, Miyashita T (2010) Differential responses of two anuran species breeding in rice fields to landscape composition and spatial scale. Wetlands 30: 1171-1179.

Kawata M, Yoshimura J (2000) Speciation by sexual selection in hybridizing populations without viability selection. Evolutionary Ecology Research 2: 897-909.

菊沢喜八郎 (1995) 植物の繁殖生態学. 蒼樹書房, 東京.

Kitano J, Ross JA, Mori S, Kume M, Jones FC, Chan YF, Absher DM, Grimwood J, Schmutz J,Myers, RM.Kingsley DM, Peichel CL (2009) A role for a neo-sex chromosome in stickleback speciation. Nature 461: 1079-83.

Klein AM, Steffan-Dewenter I, Tscharntke T (2003) Fruit set of highland coffee increases with the diversity of pollinating bees. Proceedings of the Royal Society of London Series B-Biological Sciences 270: 955-961

Kondoh M (2001) Unifying the relationships of species richness to productivity and disturbance. Proceedings of the Royal Society of London Series B-Biological Sciences 268: 269-71.

Kondrashov AS, Shpak M (1998) On the origin of species by means of assortative mating. Proceedings of the Royal Society of London Series B-Biological Sciences 265: 2273-8.

Kotliar NB (2000) Application of the new keystone-species concept to prairie dogs: How well does it work?. Conservation Biology 14: 1715-1721.

Kremen C, Williams NM, Thorp RW (2002) Crop pollination from native bees at risk from agricultural intensification. Proceedings of the National Academy of Sciences of the United States of America 99: 16812-16816.

Kunin WE (1998) Biodiversity at the edge: a test of the importance of spatial "mass effects" in the Rothamsted Park Grass experiments. Proceedings of the National Academy of Sciences of the United States of America 95: 207-12.

Lande R (1988) Genetics and demography in biological conservation. Science 241: 1455-1460.

Lees DC, Kremen C, Andriamampianina L (1999) A null model for species richness gradients: bounded range overlap of butterflies and other rainforest endemics in Madagascar. Biological Journal of the Linnean Society 67: 529-584.

Lees DC, Colwell RK (2007) A strong Madagascan rainforest MDE and no equatorward increase in species richness: re-analysis of 'The missing Madagascan mid-domain effect', by Kerr J.T., Perring M. & Currie D.J. (Ecology Letters 9: 149-159, 2006). Ecol Lett 10: E4-8; author reply E9-10.

Lehman NA, Eisenhower K, Hansen LD, Mech RO, Peterson PJ, Gogan P, Wayne RK (1991) Introgression of coyote mitochon- drial DNA in sympatric North American grey wolf populations. Evolution 45: 104-119.

Leimu R, Mutikainen P, Koricheva J, Fischer M (2006) How general are positive relationship between plant population size, fitness, and genetic variation? Journal of Ecology 94: 942-952.

Losos JB (1990) The evolution of form and function: morphology and locomotor performance in West. Indian Anolis lizards. Evolution 44: 1189-1203.

Losos JB, Schluter D (2000) Analysis of an evolutionary species-area relationship. Nature 408: 847-50.

Losos JB (2009) Lizards in an Evolutionary Tree: Ecology and Adaptive Radiation of Anoles. University of California Press.

Losos JB (2010) Adaptive radiation, ecological opportunity, and evolutionary determinism. American Naturalist 175: 623-39.

Lovell ST, Sullivan WC (2006) Environmental benefits of conservation buffers in the United States: Evidence, promise, and open questions. Agriculture Ecosystems and Environment 112: 249-260.

Lovett G (2005) Ecosystem Function in Heterogeneous Landscapes. Springer Verlag.

MacArthur RH, Levins R (1967) The limiting similarity, convergence and divergence of coexisting species. American Naturalist 101: 377-385.

MacArthur RH, Wilson EO (1967) The Theory of Island Biogeography. Princeton University Press.

Madritch M, Hunter M (2003) Intraspecific litter diversity and nitrogen deposition affect nutrient dynamics and soil respiration. Oecologia 136: 124-128.

Marshall J C, Arevalo E, Benavides E, Sites JL, Sites JW. Jr (2006) Delimiting species: comparing methods for Mendelian characters using lizards of the *Sceloporus grammicus* (Squamata: Phrynosomatidae) complex. Evolution 60: 1050-65.

Martin JL (2011) Functional landscape heterogeneity and animal biodiversity in agricultural landscapes. Ecology Letters 14: 101-112.

Matsuda H, Abrams PA, Hori M (1993) The effect of adaptive anti-predator behavior on exploitative competition and mutualism between predators. Oikos 68: 549-559.

Mavarez J, Salazar CA, Bermingham E, Salcedo C, Jiggins CD, Linares M (2006) Speciation by hybridization in *Heliconius* butterflies. Nature 441: 868-71.

May RM (1973) Complexity and Stability in Model Ecosystems. Princeton University Press.

Maynard Smith, J (1966) Sympatric speciation. American Naturalist 110: 637-650.

Mayr E (1963) Animal Species and Evolution. Belknap Press of Harvard University Press.

McCann K, Hastings A, Huxel GR (1998) Weak trophic interactions and the balance of nature. Nature 395: 794-798.

McCann KS (2000) The diversity-stability debate. Nature 405: 228-233.

McCann KS, Rasmussen JB, Umbanhowar J (2005) The dynamics of spatially coupled food webs. Ecology Letters 8: 513-523.

Menge BA. Sutherland JP (1976) Species diversity gradients: synthesis of the roles of predation, competition and temporal heterogeneity. American Naturalist 110: 351-369.

Merz JE, Moyle PB (2006) Salmon, wildlife, and wine: Marine-derived nutrients in human-dominated ecosystems of central California. Ecological Applications 16: 999-1009.

Millennium Ecosystem Assessment (2005) Ecosystem and Human Well-being. World Health Organization.

Mills LS, Allendorf FW (1996) The one-migrant-per generation rule in conservation and management. Conservation Biology 10: 1509-1518.

Mittelbach GG, Steiner CF, Scheiner SM, Gross KL, Reynolds HL, Waide RB. Willig MR, Dodson SI, Gough L (2001) What is the observed relationship between species richness and productivity?. Ecology 82: 2381-2396.

Miyashita T, Takada M, Shimazaki A (2003) Experimental evidence that aboveground predators are sustained by underground detritivores. Oikos 103: 31-36.

Miyashita T, Suzuki M, Takada M, Fujita G, Ochiai K, Asada M (2007) Landscape structure affects food quality of sika deer (*Cervus nippon*) evidenced by fecal nitrogen levels. Population Ecology 49: 185-190.

Miyashita T, Suzuki M, Ando D, Fujita G, Ochiai K, Asada M (2008) Forest edge creates small-scale variation in reproductive rate of sika deer. Population Ecology 50: 111-120.

Miyashita T, Chishiki Y, Takagi SR (2012) Landscape heterogeneity at multiple spatial scales enhances spider species richness in an agricultural landscape. Population Ecology 54: 573-581.

Moritz C (1994) Defining "Evolutionarily Significant Units" for conservation. Trends in Ecology and Evolution 9: 373-375.

Muller HJ (1942) Isolating mechanisms, evolution, and temperature. Biological Symposia 6: 71-125.

Mumby PJ, Edwards HJ, Elliott IA, Pressey RL (2010) Incorporating ontogenetic dispersal, ecological processes and conservation zoning into reserve design. Biological Conservation 143: 457-470.

Mundt CC (2002) Use of multiple cultivars and cultivar mixtures for disease management. Annual Review of Phytopathology 40: 381-410.

Muneepeerakul R, Bertuzzo E, Lynch HJ, Fagan WF, Rinaldo A, Rodriguez-Iturbe I (2008) Neutral metacommunity models predict fish diversity patterns in Mississippi-Missouri basin. Nature 453: 220-2.

Murrell DJ, Purves DW, Law R (2001) Uniting pattern and process in plant ecology. Trends in Ecology and Evolution 16: 529-530.

Nakano S, Murakami M (2001) Reciprocal subsidies: Dynamic interdependence between terrestrial and aquatic food webs. Proceedings of the National Academy of Sciences of the United States of America 98: 166-170.

Nei M (1973) Analysis of gene diversity in subdivided populations. Proceedings of the National Academy of Sciences of the United States of America 70: 3321-3323.

西田一也 (2009) 河川中流域の田んぼと水路を生息場とする淡水魚の保全．水谷正一・森淳編著，学報社．ワイルドライフ・フォーラム：31-62.

Nosil P, Crespi BJ, Sandoval CP (2002) Host-plant adaptation drives the parallel evolution of reproductive isolation. Nature 417: 440-3.

Nystrom M, Folke C (2001) Spatial resilience of coral reefs. Ecosystems 4: 406-417.

Odum EP (1953) Fundamentals of Ecology. Saurders Co..

O'Gradya JJ, Brook BW, Reed DH, Balloua JD, Tonkyn DW, Frankhama R (2006) Realistic levels of inbreeding depression strongly affect extinction risk in wild populations. Biological Conservation 133: 42-51.

Oksanen L, Fretwell SD, Arruda J, Niemela P (1981) Exploitation ecosystems in gradients of primary productivity. American Naturalist 118: 240-261.

Ortiz-Barrientos D, Noor MA (2005) Evidence for a one-allele assortative mating locus. Science 310: 1467.

Osawa S, Katsuno T (2001) Dispersal of the brown frogs, *Rana japonica* and *R. ornativentris* in the forest of the Tama Hills. Current Herpetology 20: 1-10.

Osborne LL, Kovacic DA (1993) Riparian vegetated buffer strips in water-quality restoration and stream management. Freshwater Biology 29: 243-258.

Pacala SW (1997) Dynamics of plant communities. Plant Ecology: 532-555.

Pacala SW, Rees M (1998) Models suggesting field experiments to test two hypotheses explaining successional diversity. American Naturalist 152: 729-37.

Paine RT (1966) Food web complexity and species diversity. American Naturalist 100: 65-75.

Parker JD, Salminen J-P, Agrawal AA (2010) Herbivory enhances positive effects of plant genotypic diversity. Ecology Letters 13: 553-563.

Pitchard JK, Stephens M, Donnelly P (2000) Inference of population structure using multilocus genotype data. Genetics 155: 945-959.

Podos J (2001) Correlated evolution of morphology and vocal signal structure in Darwin's finches.

Nature 409: 185-8.
Polis GA, Hurd SD (1996a) Allochthonous input across habitats, subsidized consumers, and apparent trophic cascades: examples from the ocean-land interface. In: Food Webs: Integration of Patterns and Dynamics. Chapman and Hall, New York, New York, USA: 275-285.
Polis GA, Hurd SD (1996b) Linking marine and terrestrial food webs: Allochthonous input from the ocean supports high secondary productivity on small islands and coastal land communities. American Naturalist 147: 396-423.
Pons O, Petit RJ (1996) Measuring and testing genetic differentiation with ordered versus unordered alleles. Genetics 144: 1237-1245.
Power ME, Tilman D, Estes JA, Menge BA, Bond WJ, Mills LS, Daily G, Castilla JC, Lubchenco J, Paine RT (1996) Challenges in the quest for keystones. Bioscience 46: 609-620.
Raudsepp-Hearne C, Peterson GD, Bennett EM (2010) Ecosystem service bundles for analyzing tradeoffs in diverse landscapes. Proceedings of the National Academy of Sciences of the United States of America 107: 5242-5247.
Raventos J, Wiegand T, De Luis M (2010) Evidence for the spatial segregation hypothesis: a test with nine-year survivorship data in a Mediterranean shrubland. Ecology 91: 2110-20.
Reed DH, Frankham R (2003) Correlation between fitness and genetic diversity. Conservation Biology 17: 230-237.
Reinhardt ED, Keane RE, Calkin DE, Cohen JD (2008) Objectives and considerations for wildland fuel treatment in forested ecosystems of the interior western United States. Forest Ecology and Management 256: 1997-2006.
Reusch TBH, Ehlers A, Hammerli A, Worm B (2005) Ecosystem recovery after climatic extremes enhanced by genotypic diversity. Proceedings of the National Academy of Sciences of the United States of America 102: 2826-2831.
Rickart EA (2001) Elevational diversity gradients, biogeography and the structure of montane mammal communities in the intermountain region of North America. Global Ecology and Biogeography 10: 77-100.
Rodriguez JP, Beard TD, Bennett EM, Cumming GS, Cork SJ, Agard J, Dobson AP, Peterson GD (2006) Trade-offs across space, time, and ecosystem services. Ecology and Society 11: 28
Roland J (1993) Large-scale forest fragmentation increases the duration of tent caterpillar outbreak. Oecologia 93: 25-30.
Romme WH, Despain DG (1989) Historical perspective on the Yellowstone fires of 1988. Bioscience 39: 695-699.
Romme WH (2005) The importance of multiscale spatial heterogeneity in wildland fire management and research. In: Ecosystem function in heterogeneous landscapes: 353-366, Springer.
Rooney N, McCann K, Gellner G, Moore JC (2006) Structural asymmetry and the stability of diverse food webs. Nature 442: 265-269.
Rooney N, McCann KS, Moore JC (2008) A landscape theory for food web architecture. Ecology Letters 11: 867-881.
Rosenzweig M (1995) Species Diversity in Space and Time. Cambridge University Press.
Roxburgh SH, Shea K, Wilson JB (2004) The intermediate disturbance hypothesis: patch dynamics and mechanisms of species coexistence. Ecology 85: 359-371.
Ryder OA (1986) Species conservation and systematics: the dilemma of subspecies. Trends in Ecology and Evolution 1: 9-10.
Sakai S, Yamaguchi N, Momose H, Higuchi H (2011) Seasonal shifts in foraging site and prey of Grey-faced Buzzards (*Butastur indicus*), breeding in Satoyama habitat of central Japan. Ornithological Science 10: 51-60.

Schemske DW, Mittelbach GG, Cornell HV, Sobel JM, Roy K (2009) Is there a latitudinal gradient in the importance of biotic interactions? Annual Review of Ecology, Evolution and Systematics 40: 245-269.

Scherber C, Eisenhauer N, Weisser WW, Schmid B, Voigt W, Fischer M, Schulze ED, Roscher C, Weigelt A, Allan E, Bessler H, Bonkowski M, Buchmann N, Buscot F, Clement LW, Ebeling A, Engels C, Halle S, Kertscher I, Klein AM, Koller R, Konig S, Kowalski E, Kummer V, Kuu A, Lange M, Lauterbach D, Middelhoff C, Migunova VD, Milcu A, Muller R, Partsch S, Petermann JS, Renker C, Rottstock T, Sabais A, Scheu S, Schumacher J, Temperton VM, Tscharntke T (2010) Bottom-up effects of plant diversity on multitrophic interactions in a biodiversity experiment. Nature 468: 553-556.

Schindler DE, Scheuerell MD (2002) Habitat coupling in lake ecosystems. Oikos 98: 177-189.

Schluter D (2000) The Ecology of Adaptive Radiation. Oxford University Press.

Schluter D (2009) Evidence for ecological speciation and its alternative. Science 323: 737-41.

Schluter D (1993) Adaptive radiation in sticklebacks: size, shape, and habitat use efficiency. Ecology 74: 699-709.

Schweitzer J, Bailey J, Rehill B, Martinsen G, Hart S, Lindroth R, Keim P, Whitham T (2004) Genetically based trait in a dominant tree affects ecosystem processes. Ecology Letters 7: 127-134.

Seehausen O (2006) African cichlid fish: a model system in adaptive radiation research. Proceedings of the Royal Society of London Series B-Biological Sciences 273: 1987-98.

Seehausen O, Takimoto G, Roy D, Jokela J (2008a) Speciation reversal and biodiversity dynamics with hybridization in changing environments. Molecular Ecology 17: 30-44.

Seehausen O, Terai Ym, Magalhaes IS, Carleton KL, Mrosso HD, Miyagi R, van der Sluijs I, Schneider MV, Maan ME, Tachida H, Imai H, Okada N (2008b) Speciation through sensory drive in cichlid fish. Nature 455: 620-6.

Servedio MR, Doorn GS, Kopp M, Frame AM, Nosil P (2011) Magic traits, pleiotropy and effect sizes: a response to Haller et al. Trends in Ecology and Evolution.

Sevenster JG, Van Alphen JJM (1996) Aggregation and coexistence. II. A neotropical Drosophila community. Journal of Animal Ecology 65: 308-324.

Seymour AM, Montgomery ME, Costello BH, Ihle S, Johnsson G, John B, Taggart D, Houlden BA (2001) High effective inbreeding coefficients correlate with morphological abnormalities in populations of South Australian koalas (*Phascolarctos cinereus*). Animal Conservation 4: 211-219.

Shea K, Roxburgh SH, Rauschert ESJ (2004) Moving from pattern to process: coexistence mechanisms under intermediate disturbance regimes. Ecology Letters 7: 491-508.

Shimazaki A, Miyashita T (2005) Variable dependence on detrital and grazing food webs by generalist predators: aerial insects and web spiders. Ecography 28: 485-494.

Simpson GG (1961) Principles of Animal Taxonomy. Columbia University Press.

Snyder WE, Snyder GB, Finke DL, Straub CS (2006) Predator biodiversity strengthens herbivore suppression. Ecology Letters 9: 789-796.

Sokal, RR, Crovello T (1970) The biological species concept: a critical evaluation. Proceedings of the National Academy of Sciences of the United States of America 95: 207-12.

Sota T, Mogi M, Hayamizu E (1994) Habitat stability and the larval mosquito community in treeholes and other containers on a temperate Island. Researches on Population Ecology 36: 93-104.

Sota T, Kubota, K (1998) Genital lock-and-key as a selective agent against hybridization. Evolution 52: 1507-1513.

Spielman D, Brook BW, Frankham R (2004) Most species are not driven to extinction before genetic factors impact them. Proceedings of the National Academy of Sciences of the United States of America 101: 15261-15264.

Stephens PR, Wiens JJ (2003) Explaining species richness from continents to communities: the time-for-speciation effect in emydid turtles. American Naturalist 161: 112-28.
Stoll P, Newbery DM (2005) Evidence of species-specific neighborhood effects in the dipterocarpaceae of a bornean rain forest. Ecology 86: 3048-3062.
Strayer DL (2005) Challenges in understanding the functions of ecological heterogeneity. In: Ecosystem Function in Heterogeneous Landscapes: 411-425.
Strong D (1986) Density-vague population change. Trends in Ecology and Evolution 1: 39-42.
Suding KN, Hobbs RJ (2009) Threshold models in restoration and conservation: a developing framework. Trends in Ecology and Evolution 24: 271-279.
Suzuki M, Miyashita T, Kabaya H, Ochiai K, Asada M, Kikvidze Z (2013) Deer herbivory as an important driver of divergence of ground vegetation communities in temperate forests. Oikos 122: 104-110.
Swetnam TW, Lynch AM (1993) Multicentury, Regional-Scale Patterns of Western Spruce Budworm Outbreaks. Ecological Monographs 63: 399-424.
Templeton A (1989) The Meaning of Species and Speciation: A Genetic Perspective. In: Speciation and Its Consequences 3-27. Sinauer.
Terborgh J (1973) On the notion of favorableness in plant ecology. American Naturalist 107: 481-501.
Thies C, Tscharntke T (1999) Landscape structure and biological control in agroecosystems. Science 285: 893-895.
Tilman D (1990) Constraints and tradeoffs: toward a predictive theory of competition and succession. Oikos 58: 3-15.
Tilman D (1994) Competition and biodiversity in spatially structured habitats. Ecology 75: 2-16.
Tilman D (1999) The ecological consequences of changes in biodiversity: A search for general principles. Ecology 80: 1455-1474.
Tilman D, Reich PB, Knops JMH (2006) Biodiversity and ecosystem stability in a decade-long grassland experiment. Nature 441: 629-632.
Turnbull LA, Coomes D, Hector A, Rees M (2004) Seed mass and the competition/colonization trade-off: competitive interactions and spatial patterns in a guild of annual plants. Journal of Ecology 92: 97-109.
Turner LT, Bourne EC, Von Wettberg EJ, Hu TT, Nuzhdin SV (2010) Population resequencing reveals local adaptation of *Arabidopsis lyrata* to serpentine soils. Nature Genetics 42: 260-263.
Turner MG, Romme WH (1994) Landscape dynamics in crown fire ecosystems. Landscape Ecology 9: 59-77.
Turner MG, Gardner RH, O'Neill RV (2001) Landscape Ecology in Theory and Practice: Pattern and Process. Springer Verlag.
Turner MG, Cardille JA (2007) Spatial Heterogeneity and Ecosystem Processes. In : Key Topics in Landscape Ecology: 62-77. Cambridge University Press.
Van Valen L (1976) Ecological species, multispecies, and oaks. Taxon 25: 233-239.
Vucetich JA, Waite TA (2000) Is one migrant per generation sufficient for the genetic management of fluctuating populations? Animal Conservation 3: 261-266.
Wallace JB, Eggert SL, Meyer JL, Webster JR (1999) Effects of resource limitation on a detrital-based ecosystem. Ecological Monographs 69: 409-442.
Waples RS (1991) Pacific salmon, *Onchorhynchus* spp., and the difinition of "species" under the endangered species act. Marine Fisheries Review 53: 11-22.
鷲谷いづみ・矢原徹一 (1997) 保全生態学入門：遺伝子から景観まで．文一総合出版．
Weiss SB, Murphy DD, White RR (1988) Sun, slope, and butterflies - topographic determinants of

habitat quality for *Euphydryas-editha*. Ecology 69: 1486-1496.
Westemeier RL, Brawn JD, Simpson SA, Esker TL, Jansen RW, Walk JW, Kershner EL, Bouzat JL, Paige KN (1998) Tracking the long-term decline and recovery of an isolated population. Science 27: 1695-1698.
Whitham TG, Bailey JK, Schweitzer JA, Shuster SM, Bangert RK, LeRoy CJ, Lonsdorf EV, Allan GJ, DiFazio SP, Potts BM, Fischer DG, Gehring CA, Lindroth RL, Marks JC, Hart SC, Wimp GM, Wooley SC (2006) A framework for community and ecosystem genetics: from genes to ecosystems. Nature Reviews Genetics 7: 510-523.
Whitlock MC, Mcauley DE (1999) Indirect measures of gene flow and migration: $F_{ST} \neq 1/(4N_m + 1)$. Heredity 82: 117-125.
Whittaker RH (1977) Evolution of species diversity in land communities. Evolutionary Biology 10: 1-67.
Wiens JJ, Pyron RA, Moen DS (2011) Phylogenetic origins of local-scale diversity patterns and the causes of Amazonian megadiversity. Ecology Letters 14: 643-52.
Wiley EO (1978) The evolutionary species concept reconsidered. Systematic Zoology 27: 17-26.
Willig MR, Lyons SK (1998) An analytical model of latitudinal gradients of species richness with an empirical test for marsupials and bats in the New World. Oikos 81: 93-98.
Willig MR, Kaufman DM, Stevens RD (2003) Latitudinal gradients of biodiversity: pattern, process, scale, and synthesis. Annual Review of Ecology, Evolution, and Systematics 34: 273-309.
Wilsey BJ, Polley HW (2002) Reductions in grassland species evenness increase dicot seedling invasion and spittle bug infestation. Ecology Letters 5: 676-684.
Wilson EO, Peter FM (1988) Biodiversity. National Academy Press.
Witman JD, Cusson M, Archambault P, Pershing AJ, Mieszkowska N (2008) The relation between productivity and species diversity in temperate-Arctic marine ecosystems. Ecology 89: S66-80.
Wittebolle L, Marzorati M, Clement L, Balloi A, Daffonchio D, Heylen K, De Vos P, Verstraete W, Boon N (2009) Initial community evenness favours functionality under selective stress. Nature 458: 623-626.
Yamamoto N, Yokoyama J, Kawata M (2007) Relative resource abundance explains butterfly biodiversity in island communities. Proceedings of the National Academy of Sciences of the United States of America 104: 10524-9.
柳 洋介, 高田まゆら, 宮下 直 (2008) ニホンジカによる森林土壌の物理環境の改変：房総半島における広域調査と野外実験. 保全生態学研究 13: 65-74.
Young TP, Chase JM, Huddleston RT (2001) Community succession and assembly: comparing, contrasting and combining paradigms in the context of ecological restoration. Ecological Restoration 19: 5-18.
Yu DW, Wilson HB (2001) The competition-colonization trade-off is dead; long live the competition-colonization trade-off. American Naturalist 158: 49-63.
Yu DW, Wilson HB, Frederickson ME, Palomino W, De la Colina R, Balareso AA, Edwards DP (2004) Experimental demonstration of species coexistence enabled by dispersal limitation. Journal of Animal Ecology 73: 1102-1114.
Zavaleta ES, Pasari JR, Hulvey KB, Tilman D (2010) Sustaining multiple ecosystem functions in grassland communities requires higher biodiversity. Proceedings of the National Academy of Sciences 107: 1443.
Zhang Z (2003) Mutualism or cooperation among competitors promotes coexistence and competitive ability. Ecological Modelling. 164: 271-282.
Zhu Y, Chen H, Fan J, Wang Y, Li Y, Chen J, Fan J, Yang S, HuL, Leungk H, Mewk TW, Tengk PS, Wangk Z, Mundtk CC (2000) Genetic diversity and disease control in rice. Nature 406: 718-722.

用語索引

欧 文

AFLP 28
α 多様性 74, 136
AMOVA 28
β 多様性 75, 136
DNA バーコーディング 50
F 統計量 25
γ 多様性 75, 136
MHC 18
QTL 42
RFLP 28
s 対立遺伝子 8, 17

ア 行

アレリックリッチネス 13
アロザイムマーカー 9, 28

異型性 53
異質倍数化 11
異所的種分化 61
1 世代 1 個体の原則 29
遺伝子座あたりの対立遺伝子数 12
遺伝子多様度 14
遺伝子分化係数 27
遺伝子流動 8, 10, 18, 21, 23, 26, 30, 31, 57
遺伝的多様性 78
遺伝的浮動 4, 8, 10, 14, 16, 23, 29, 37, 48
いもち病 41

栄養段階 113, 126
エネルギー仮説 97
沿岸帯 149
塩基多様度 13

沖帯 149
遅い変数 159
オゾン層 1
オルガネラ DNA 35
オルガネラゲノム 14, 17

カ 行

核型 9
核ゲノム 9, 14
撹乱レジーム 130
隔離機構 52
家系図 22
過剰収量 105
鎌形赤血球 18
環境形成作用 129
間接効果 69

キーストーン種 124, 157
機械的隔離 52
気候の安定性 - 不安定性仮説 97
機能群 4, 118
機能的冗長性 119
基盤サービス 6
供給サービス 6, 158
共生ネットワーク 91
局所安定性 100, 101
局所集団 23, 28, 31
局所群集 92
ギルド 93
ギルド内捕食 116
近交係数 21, 39
近交弱勢 4, 8, 26, 34, 37
近親交配 4, 13, 21, 25, 37
均等化 119
近隣結合法 32

グアノ 146
空間的遺伝構造 24

空間レジリエンス 153
景観 130
景観異質性 131, 139
景観生態学 130
景観付加 137
景観補完 137
景観要素 130
形質開放 68
形状の異質性 131, 141
形質置換 69
系統的種 51
結合種 51
ゲノムプロジェクト 9

交雑 51
高次捕食者 124
行動を介した間接効果 117
交配後隔離 53
交配前隔離 52
固定 16, 19
固定係数 25
古典的マジックトレイト 63
コピー数変異 11

サ 行

サンガー法 9
サンゴ礁 147, 151
サンプリング効果 102

ジェネラリスト 90, 116
自家受精 8
自家不和合 8
資源集中仮説 116
次世代シーケンサー 9, 42, 44
自然選択 4, 8, 10, 17, 26, 30, 37, 48
自然の恵み 5, 6

持続可能性　6
自動的マジックトレイト　63
島の生物地理学　76
シャノン指数　74
集団ゲノム学　46
主座標分析　32
主成分析　32
種多様性　74
　──の中立理論　73
種の均等度　74
種のプール　75, 142
種の豊富さ　74
種分化　4, 51, 78, 135
主要組織適合遺伝子複合体　17
食物網　4, 114, 138
進化的種　51
進化速度仮説　98
シンプソン指数　74

数理モデル　100
スケールニッチ　140
ストレージ効果　89
スペシャリスト　90, 116

制限酵素　9
生殖隔離　34
生殖の隔離　48, 51
性選択　57
生態系エンジニアリング　104
生態系機能　5, 6, 113, 154
生態系サービス　1, 5, 122, 157
生態系ネットワーク　139
生態系プロセス　128
生態的形質置換　69
生態的種分化　65
生態的浮動　76
性的対立　65
性表現　22
生物学的多様性　2
生物学的種概念　48
生物多様性　1
生命の多様さ　1
接合後隔離　52
接合前隔離　52
絶滅危惧種　31
選択係数　19

選択効果　103

相観　127
相互作用強度　100
創始者効果　20
創発効果　131
送粉サービス　105, 122
相補性効果　102
相利共生　90
側系統　35
促進効果　104
ソース・シンクのダイナミクス　93
組成の異質性　131, 141
存続性　101

タ 行

対立遺伝子頻度　10, 13, 21, 28, 32
大量絶滅　1
多型遺伝子座率　12
多次元尺度構成法　32
多変量解析　32
多面発現　63
多様化選択　65
多様度指数　74, 132
タンニン　41
ダンベルモデル　59

中規模攪乱説　87
中程度異質性仮説　143
中領域効果　81
超過剰収量　106
調整サービス　6, 157
超生物界　43
超優性　17
抵抗性　101
ディスプレイ　52
適地地形図　59
適応放散　67
デノボシーケンシング　46
デンドログラム　32

同室倍数化　11
同所的種分化　61

同祖的　21
淘汰係数　19
同胞種　49
同類交配　49
土壌呼吸　42
突然変異　8, 15, 26, 37, 48
突然変異メルトダウン　21
突然変異率　15
突然変異順位種分化　65
トップダウン効果　86, 115, 147
飛び越えモデル　59
ドブジャンスキー・マーラーモデル　56
トレードオフ　87, 121, 158

ナ 行

ニッチ　69, 78, 84
ニッチ効果　104
ニッチ創出　136
ニッチ分化　63
ニッチ分割　73, 84
ニッチ理論　84
ニッチ類似限界説　84

ハ 行

ハーディ・ワインベルグの法則　13, 25, 33
バイオインフォマティクス　9
バイオーム　128
バイオマス　40
配偶者選択　62
倍数化　11
パイロシーケンス法　9
速い変数　160
範囲（空間的な）　134
繁殖干渉　69
反応の多様性　119
反復適応放散　70, 71

非加重結合法　32
非適応放散　69
非平衡群集　86
表形種　51
表現型　9, 32, 35, 40

頻度依存選択　17

富栄養化　152
復元速度　101, 108
復元力　101
複合生態系　130
不嗜好性植物　112
腐食食物連鎖　129
物質循環　44, 129
物理テンプレート　129
負の共分散の効果　111
フラクタル次元　133
文化的サービス　6
分岐モデル　59
分断選択　61

平均ヘテロ接合度　78
平衡選択　17
ヘテロ接合　8, 13, 18, 21, 28
ヘテロ接合度　13, 21, 25, 38
変動係数　101
変動性　101
方向性選択　1

放散　68
保険仮説　119
捕食寄生者　155
保全単位　33
ポートフォリオ効果　108
ボトムアップ効果　115, 147
ボトルネック　15, 18, 37
ホモ接合　8, 18
ポリネータ　90
ポリフェノール　41
ホールデンの法則　53

マ 行

マジックトレイト　63
マラリア　18
マングローブ林　147

密度効果　109
ミトコンドリア DNA　9, 54
ミュラー型擬態　65

メタゲノム解析　43
メタ集団　23
メタ解析　83

メタ群集　75
面積効果仮説　96
面積種数関係　82

ヤ 行

有効集団サイズ　10, 45
有効対立遺伝子数　12
優占度 - 多様度曲線　78

葉緑体 DNA　9

ラ 行

リシーケンシング　45
リボゾーム RNA　44
粒度　134
輪状種　55

歴史的気候安定性仮説　98
レジームシフト　101, 153
レジリエンス　101, 152
レック　52
劣性有害遺伝子　8, 39

生物名索引

欧　文

C3 植物　4, 119
C4 植物　4, 119

ア 行

アステカアリ　85
アノールトカゲ　70, 85
アブラナ　147
アブラムシ　116
アマモ　41
アライグマ　146
アリノフクロギ　85

イトヨ　55
イモリ　138
イワナ　137

ウスグロショウジョウバエ　55
ウマ　53
ウミスズメ　145
ウミツバメ　145
ウルマーシマトビケラ　105

エンドウ　9

オオカミ　146
オオクチバス　149

オサムシ　53
オショロコマ　137

カ 行

貝類　118
カエル　95
カエル類　137
核多角体ウイルス　155
カタツムリ　52, 66
カニ　118
カボチャ　122
カレハガ　155
カワスズメ　69

キノコ 88

クマネズミ 145
クモ 71, 140
クモ類 137

コアラ 39
コーヒー 122
コクガン 41
古細菌 43
コムギ 159
コヨーテ 53
コンブ 118

サ 行

サクラ 61
サケ科 146
サンゴ 87

シアノバクテリア 1
シカ 156
シトカトウヒ 146
ジュズヒゲアリ 85
ショウジョウバエ 9, 18, 52
食菌性昆虫 88
植物プランクトン 129, 138, 144
シロイヌナズナ 45
真核生物 43
真正細菌 43

スイカ 122
スケールイーター 90

セイタカアワダチソウ 40
セイヨウサンザシ 61
繊毛虫類 117

ソウゲンライチョウ 39

タ 行

ダーウィンフィンチ 64
タイリクオオカミ 53

チビケシキスイ 147
チョウ 82

ツガ 151

テントウムシ 116

トウヒシントメハマキ 151
動物プランクトン 149
ドクチョウ 61
トゲウオ 63
ドジョウ 138
トビケラ 104

ナ 行

ナシ 61
ナラ 41

ニホンジカ 111

ヌマガメ 95

ハ 行

ハゲタカ 146
ハタネズミ 41
ハナバチ 122

ヒグマ 137, 146
ヒト 42
ヒトデ 86, 118
ヒメバチ 147

フジツボ 118
付着藻類 144, 149
フトモモ 41
フロリダパンサー 39

ホッキョクギツネ 145
ポプラ 41

マ 行

マメ科植物 4, 118
マルバネヒョウモンモドキ 137

ミジンコ 89
ミツバチ 122
ミバエ 61
ミヤマハタザオ 45

メクラカメムシ 116
メマツヨイグサ 41

モミ 151
モリアオガエル 138

ヤ 行

ヤナギムシクイ 55
ヤマアカガエル 138
ヤママユガ科 137

ユーカリ 159

ラ 行

ラバ 53

陸産貝類 71, 96
リンゴ 61

レイクトラウト 149

ロッジポールマツ 150
ロバ 53

著者略歴

宮下 直（みやした ただし）
1961年　長野県に生まれる
1985年　東京大学大学院農学系研究科修士課程修了
現　在　東京大学大学院農学生命科学研究科・教授
　　　　博士（農学）

井鷺 裕司（いさぎ ゆうじ）
1960年　広島県に生まれる
1985年　広島大学大学院理学研究科博士課程前期修了
現　在　京都大学大学院農学研究科・教授
　　　　博士（学術）

千葉 聡（ちば さとし）
1960年　東京都に生まれる
1991年　東京大学大学院理学系研究科博士課程修了
現　在　東北大学大学院生命科学研究科・准教授
　　　　理学博士

生物多様性と生態学
―遺伝子・種・生態系―

定価はカバーに表示

2012年 2月20日　初版第1刷
2024年12月25日　　　第11刷

著　者　宮　下　　　直
　　　　井　鷺　裕　司
　　　　千　葉　　　聡
発行者　朝　倉　誠　造
発行所　株式会社　朝倉書店
　　　　東京都新宿区新小川町6-29
　　　　郵便番号　162-8707
　　　　電　話　03（3260）0141
　　　　FAX　03（3260）0180
　　　　https://www.asakura.co.jp

〈検印省略〉

© 2012〈無断複写・転載を禁ず〉　印刷・製本　デジタルパブリッシングサービス

ISBN 978-4-254-17150-1　C 3045　　Printed in Japan

JCOPY　〈出版者著作権管理機構 委託出版物〉

本書の無断複写は著作権法上での例外を除き禁じられています．複写される場合は，そのつど事前に，出版者著作権管理機構（電話 03-5244-5088, FAX 03-5244-5089, e-mail: info@jcopy.or.jp）の許諾を得てください．

好評の事典・辞典・ハンドブック

火山の事典（第2版） 下鶴大輔ほか 編 B5判 592頁

津波の事典 首藤伸夫ほか 編 A5判 368頁

気象ハンドブック（第3版） 新田 尚ほか 編 B5判 1032頁

恐竜イラスト百科事典 小畠郁生 監訳 A4判 260頁

古生物学事典（第2版） 日本古生物学会 編 B5判 584頁

地理情報技術ハンドブック 高阪宏行 著 A5判 512頁

地理情報科学事典 地理情報システム学会 編 A5判 548頁

微生物の事典 渡邉 信ほか 編 B5判 752頁

植物の百科事典 石井龍一ほか 編 B5判 560頁

生物の事典 石原勝敏ほか 編 B5判 560頁

環境緑化の事典 日本緑化工学会 編 B5判 496頁

環境化学の事典 指宿堯嗣ほか 編 A5判 468頁

野生動物保護の事典 野生生物保護学会 編 B5判 792頁

昆虫学大事典 三橋 淳 編 B5判 1220頁

植物栄養・肥料の事典 植物栄養・肥料の事典編集委員会 編 A5判 720頁

農芸化学の事典 鈴木昭憲ほか 編 B5判 904頁

木の大百科［解説編］・［写真編］ 平井信二 著 B5判 1208頁

果実の事典 杉浦 明ほか 編 A5判 636頁

きのこハンドブック 衣川堅二郎ほか 編 A5判 472頁

森林の百科 鈴木和夫ほか 編 A5判 756頁

水産大百科事典 水産総合研究センター 編 B5判 808頁

価格・概要等は小社ホームページをご覧ください．